数 码 摄 影

（第二版）

曾立新　著

ZHEJIANG UNIVERSITY PRESS
浙江大学出版社

前　言

进入21世纪，数码照相机就如同手机、电脑、电视机一样得到普及，成为现代生活中不可缺少的物品。图片也被广泛地应用于新闻、印刷、网络传输等领域。在当今这样飞速发展的信息时代，摄影已经成为信息传播和现代生活不可缺少的内容。

像素和照相机成像质量有什么关系？怎样设置数码相机？什么是数码照相机的镜头换算系数？用数码相机拍照要注意哪些问题？处理图像要用哪些软件？……这些都是数码摄影中要遇到的问题。通过对本书的学习，这些基础知识和常见问题都可以找到答案。

由于篇幅所限，力求简单通俗，本书省略了纯粹的传统摄影和电脑知识介绍。对一些数码摄影技法也只是抛砖引玉。学无止境，还有很多技法书中没有提到，有待读者去探索。

本书编写中得到了曾立人、邵大浪教授的大力帮助。杭州照相机械研究所资料室、《照相机》杂志也为本书提供了部分资料，在此深表感谢。

曾立新

2013 年1月1日

目　录

第一章 ▶

数码摄影的演进

第一节　数码照相机的诞生

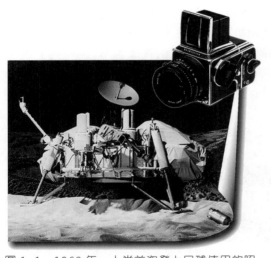

图 1-1　1969 年，人类首次登上月球使用的照相机—瑞典生产的哈苏 120 传统照相机。此时的数码摄影技术尚在探索阶段。

数码影像科技是最近半个世纪科学技术发展的产物，最早的应用雏形是在 20 世纪 60 年代，科学家在太空探索中用来获得外星球表面的影像。但是在 20 世纪 80 年代之前，数码摄影技术只是停留在实验探索阶段，发展比较缓慢。

1981 年，在德国科隆举办的国际摄影器材博览会上，展出了一款具有划时代意义的照相机。该照相机与先前的传统照相机有本质上的差别：不使用化学感光材料，而是使用了采用模拟技术的电子感光器件。由此诞生了世界上第一台模拟电子影像照相机。[4]

到 20 世纪 80 年代末期，数码技术日益成熟，众多厂家纷纷开始研制数码照相机。1988 年，日本富士公司与东芝公司合作研制成功了富士 DS-1P 数码照相机，该照相机采用闪卡存储影像。1990 年，40 万像素的东芝 C200 数码照相机上市销售，标志着数码照相机在世界上开始投入商业市场。[4]

此后，尽管索尼、尼康、东芝等公司相继推出了一些数码照相机，但影像质量还是无法与传统照相机获得的影像相比拟，仅仅能够满足屏幕上的观看。到了 90 年代中期，随着 CCD 芯片技术的发展和成熟，数码照相机技术才有了质的突破，在图像质量上越来越接近传统照相机。此外，随着数码照相机产量的增长及其制造成本日益下降，又进一步促进了数码照相机销售量的攀升。从此，数码照相机的研发、生产和销售逐渐走向良性循环,数码照相机开始逐渐走向各个层面的摄影用户。

1994年3月,美国柯达公司推出了分辨率达150万像素的DCS420数码单反照相机,采用尼康F90S型单镜头反光照相机的机身,一年后柯达公司又推出了采用同样机身、分辨率达600万像素的DCS460数码单反照相机。20世纪90年代末期,数码照相机在价格上也实现了突破,如1999年2月上市的尼康Coolpix950、1998年上市的佳能Powershot A5、1998年的美能达Dimage EX1500等数码照相机,售价都控制在1000美元之内。至此,数码照相机开始为大众所接受,得以普及。

1999年,上海海鸥照相机有限公司试制成功了100万像素的海鸥牌DSC-1100型数码照相机。2001年10月,江西凤凰光学有限责任公司推出的sx330数码照相机,成为我国自己生产并大批上市的首台数码照相机。该照相机采用CF储存卡,具有330万像素。[2]

进入21世纪,数码照相机市场的竞争逐渐进入白热化阶段,其中以佳能和尼康两家公司的产品和销售策略最为突出。2000年5月,佳能推出了300万像素、采用22.7×15.1mm传感器、最高连拍速度可达每秒3幅、最多可以连拍8幅的D30数码单反照相机。这款当时价格为2800美元的数码照相机的诞生,标志着数码照相机在技术和价格上已经和传统模拟照相机非常接近,数码单反照相机已开始进入普通摄影爱好者市场。

在传统照相机制造业中有霸主地位的尼康公司面对佳能的挑战也不甘示弱,于2001年2月推出了两款针对不同市场的数码单反照相机D1H和D1X。D1H虽然只有260万像素,采用23.7mm×15.5mm传感器,但连拍速度达到每秒5幅,可以一口气连拍40张,特别

图1-2　柯达DCS420数码
照相机实拍效果

图1-3　佳能135照相机用反转片
实拍效果

图1-4　首台批量上市
的国产数码照相机:凤凰
sx330

图1-5　柯达DCS数码
单反照相机

图1-6　佳能EOS-1Ds
数码单反照相机

图1-7　尼康D3X数码
单反照相机

适用于体育、时装等方面的拍摄。D1X 则有每秒 3 幅的连拍速度,通过机内插值后可以达到 590 万像素,是当时像素较高、功能较齐全、性价比较高、竞争力最强的机型。

而佳能公司决心与尼康在数码照相机工艺水平上一决高低,2001 年 9 月出品了总像素值为 410 万、传感器面积为 28.7×19.1mm 的 EOS-1D 数码照相机,直冲尼康 D1X 市场。在 2002 年 2 月,又推出了面对准专业市场、价格更低但像素更高的 D60 数码照相机。尼康为了保住原来占领的专业市场,在 2003 年上市了总像素为 430 万、连拍速度达每秒 8 张、可以连拍 40 张的 D2H 数码照相机,此款照相机保留了 D1H 的 23.7×15.5mm 传感器。

除了这两大巨头外,富士公司、奥林巴斯和潘太克斯等传统照相机制造商也纷纷加入专业数码照相机领域的竞争。富士公司于 2000 年 1 月推出 310 万像素的 FinePix S1 Pro 获得巨大成功后,又于 2002 年 1 月推出了 FinePix S2 Pro,这款照相机使用尼康F80 机身和 23.7mm×15.5mm 的传感器,在专业市场上占了一定的份额。

图 1-8 佳能 EOS D30 数码单反照相机　　图 1-9 富士 S2 Pro 数码单反照相机　　图 1-10 柯尼卡·美能达 α5D 数码单反照相机

到 2002 年,数码照相机的制造和销售在专业和家用市场上都全面开花,每个月都有好几个新机型上市,图像分辨率和其他技术含量也不断提高。佳能在 2002 年 9 月份发布的与传统 135 照相机同等幅面的 1Ds 率先达到了 1100 万的最高像素值,奠定了佳能在数码照相机制造技术上的新霸主地位。尼康奋起直追,随后发布的 D2X 虽然像素高达 1220 万,但已落后 1Ds 两年,且不是同等画幅。在 2004 年 9 月,佳能又以像素高达 1660 万的 1Ds Mark II 再度领先。

随着数码器材的火爆,一直做家电的索尼公司凭借自己在开发电子产品方面的优势,也开始觊觎照相机器材这块蛋糕。2003 年,先是五大照相机巨头之一的美能达公司兼并了柯尼公司,然后是"黄雀在后"——索尼公司收购了柯美公司。流着柯美血液的索尼在德国蔡司镜头的支持下于 2008 年 09 月推出全画幅机型 α900,打破佳能在全画幅领域一统天下的格局。同年 12 月,尼康在索尼的鼎力合作下也终于突破佳能的压制,推出全画幅旗舰尼康 D3X,在全画幅领域有了自己的一席之地。至此,在单反照相机市场形成三足鼎立的格局。

在日益激烈的市场竞争中,满足消费者的需求是制胜法宝,照相机市场被不断细分。2008 年,狭缝中生存的松下率先推出第一款微单 G1,随后奥林巴斯也推出了微单照相机。当奥林巴斯和松下的微单照相机在市场上得到认可后，索尼也于 2010 年 5 月推出了自己的微单相机 NEX-5C。接着三星的 NX10、理光 GXR、宾得 Q 纷纷登场，于是在数码照相机市场又多了一个种类——微单相机。对于微单相机的开发，尼康和佳能两大巨头显得比较审慎，尼康到 2011 年底才推出 V1、J1 微单相机，佳能则更晚，直到 2012 年下半年才推出 EOS-M 单电照相机。

纵观数码照相机的发展史我们可以看出，1995 年是数码照相机进入市场的开端，全年只有一两个型号的数码照相机上市。2002 年照相机市场开始"雪崩"，当年全球新上市的数码照相机型号达到了一百多个。到 2004 年，全年的新机型已达一百五十多个。据摄影行业权威刊物《照相机》杂志的报道，到 2003 年，数码照相机的全球销售量开始超过传统照相机的销售量。2004 年下半年，国内传统照片的彩色照片扩印业务量开始萎缩。2005 年初，传统照片的彩色照片扩印量普遍开始下降。2005 年下半年，在国内大中型城市，数码照片的扩印数量开始超过传统照片的扩印业务量。2008 年，尼康、索尼打破佳能一流全画幅天下的格局。这些数据都表明，数码摄影的时代已经到来。

图 1-11　松下 G1 微单照相机　　图 1-12　奥林巴斯微单照相　　图 1-13　索尼 α77 单电照相机

第二节　数码摄影的优势和不足

一、数码摄影的优势

1.随照随看,提供"即时满足感"

数码摄影流行的一个重要原因是它能提供"即时满足感"。对于新闻记者和史学家来说，纪实性和留存性可能是他们摄影的主要原因；而对一般民众来说，能马上看到自己或家人、朋友的影像是他们拍照的初衷。有研究表明，人们对一幅照片的欣赏和关注程度与冲洗滞后的时间成反比。特别是留念照，要是在事后一个月后才冲洗出来，届时好多人都已对照片失去了兴趣。这也就是人们宁可多付钱也要"一小时快照"的缘由。

数码摄影的"即拍即现"不但能满足普通老百姓的好"相"心，也能免去职业摄影师不少麻烦。传统照相机常常会因为胶卷没装好、闪光同步速度不对或镜头盖没打开等原因导致拍摄失败。如闪光同步出差错，只听快门响，闪光灯亮，结果数日后胶卷冲洗出来却发现竟然没有影像。要是用数码照相机就能马上查看到效果，就可将

图 1-14　用数码照相机拍照，可以当场查看拍摄效果。

失误概率降到最低。

　　正因为数码照相机有这样的即时性和灵活性，在租用模特和场地时，摄影师就可以一次到位，不会因为效果不好要重拍、补拍而造成不必要的开支。现在在美国和加拿大，广告影棚已经普遍采用大面积数码后背拍摄，当场用高清晰打印机打印出最终输出的效果，客户可以在现场观看效果，拍板选定稿样。我国部分沿海城市的大中型影楼也已开始采用数码背机取代传统 120 照相机从事经营活动。这样不仅因创作周期缩短而提高了顾客满意程度，也大大提高了影棚资金周转和工作的效率。

2.缩短加工周期

　　数码摄影大大地缩短了处理加工过程。

　　传统摄影从拍摄到出片大致需要以下过程：

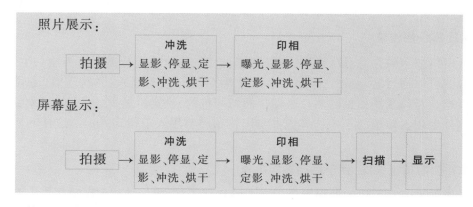

而数码摄影则缩短为：

要是需要放大及后期加工,传统摄影不但要重复一次印相程序,还要在暗室的"黑暗中等待光明",在显影、定影等漫长的程序完成后到明室才能观看到效果。而数码摄影则只要将图片调入 Photoshop 等图片编辑软件,明室加工,即时显效,没有黯淡的安全灯,也没有刺鼻的显影、定影剂。

数码摄影在加工和后期处理的方便是其风行的主要原因。特别是没有保存价值的"一次性"照片,要能在屏幕上显示就能省去冲洗所花费的精力和金钱。

3.无损复制

传统影像由底片来制作照片,在照片的制作过程中,会受药液新旧程度、冲洗温度等多种因素的影响而导致所获得的新影像较原底片的影像信息有所损失。复制制作的次数愈多,累积的影像信息损失就

图 1-12 数码影像可以通过 E-mail 在瞬间发送至世界的各个角落

愈大,而且复制品的品质很难保持一致。而数码影像可以进行无数次的复制和拷贝,影像的信息由数码数据组成,与原来影像完全一致,绝对没有任何失真。

4.远距离快速传输

随着网络技术的普及,数码影像可以迅速、快捷、高效地进行远距离传输。生活照、旅游纪念照可以通过 E-mail 在瞬间发送至世界各个角落,与亲人、朋友分享。新闻摄影记者可以把在新闻现场拍摄的图片立即传回新闻机构,供实时播发。个人的形象资料可以传输到外地用人单位的手中,异地参与岗位招聘与用人单位沟通……这样的例子不胜枚举。

5.弥补前期拍摄失误,便于后期再次创作

数码影像系统为图像的处理提供了强大的软件工具,成为弥补前期拍摄失误和事后二次创作的平台,为摄影爱好者提供了一个充分发挥想象力的天地。

首先,数码影像系统通过图形处理软件对前期拍摄中失误的弥补和修正比传统摄影系统更为有效。如消除被摄主体上的瑕疵、划伤以及调整亮度、反差、色彩等,如果利用传统摄影手段,不仅费事,而且成功率低。而运用数码影像手段,这些都是轻而易举的事,在

几秒钟内便可以完成。

其次，数码影像系统使摄影者可以对拍摄的影像进行随心所欲的创意性艺术重塑，使画面更加完美、更加感人。功能强大、处理快捷，这是传统影像系统所无法企及的，如运动模糊、全景的合成、多层叠放、加字等特殊效果的处理等。这些二次创作可以在事后不受时间、场地等条件的约束。泡上一杯咖啡，让思想在广阔天地里自由驰骋。而且如果效果不理想，还可以过些时日等有了灵感时重新再来。

6.质量稳定,长期保存

数码影像由数码信息组成，这些信息不像模拟信号那样会因为时间的推移而失真和衰竭，也不会像传统感光胶片那样，要受感光胶片厂家、型号、乳剂号、冲洗条件(冲洗药水、冲洗温度、冲洗时间)等因素干扰、受损。数码影像经过长时间保存后，影像的清晰度与色彩仍可保持其原有质量水平，而不会出现蜕变、失真。这一点是传统彩色胶片或照片所无法比拟的，因为传统影像经过长时间保存后，色彩易出现明显褪色现象，甚至可能霉变，从而导致影像质量的下降。

7.便于影像资料的管理

过去，爱好摄影的人都靠一大堆底片、照片来保存影像。要找某一张照片是一个令人头疼的问题,非翻箱倒柜大动干戈不可。

而数码影像系统则特别便于管理、检索、查寻,只要通过相应软件程序,即可对数码影像实现便捷的档案管理。如建立便于查寻的数码相册,摄影者可以从存有几十万幅数码影像的档案库中，极迅速地选中自己所需的任一幅数码影像,这极大地提高了数码影像的检索与使用的方便性。

8.记录拍摄数据

大多数数码照相机在拍摄时还会自动记下所使用的照相机型号、光圈、快门速度、感光度、焦距、是否用了闪光灯、测光模式、曝光模式等信息。这些信息只要用专门的软件或高版本的 Photoshop 软件就可以读取,提高了拍摄信息的完整性。

9.全程参与

使用传统胶片从事摄影创作,摄影者一般只能在前期的拍摄过程中发挥主导作用,而照片的后期加工过程往往是交彩扩店,依靠彩扩店的专业技术人员来完成。因此,照片的后期加工过程摄影者常常无法介入。

采用数码影像系统拍摄却完全不同,摄影者只要掌握电脑的基础知识,会基本的图形图像处理软件操作,就可参与影像的后期处理加工,亲自感受影像处理、加工、再创造的乐趣。同时可对前期拍摄的影像进行创作观念的更新和提升,最终使成品更趋完美。

10.具有长期经济优势和质量优势

一门新技术要获得社会的承认,必须在价格、质量和方便性三方面都比旧技术有优势。数码摄影在方便性上要远远超过常规摄影。至于价格,虽然目前数码照相机的价格要比同质量的模拟照相机贵很多,但因为数码照相机首期投资后后续耗材的开销很低,若只是在屏幕上显示图片,基本上不要任何花销,加上不好的相片可以删除而不打印冲洗,所以最终每幅图片的价格肯定要比模拟照相机低。而且随着数码照相机市场占有率的不断提高,规模经济效应会越来越明

图 1-13 数码摄影的质量优势和长期经济优势促成了中画幅专业照相机数码后背的进入市场。

显,最终会导致数码照相机价格的大幅度下降。这点从尼康和佳能两公司的主要数码单反照相机的价格趋势就可以看出。尼康和佳能近两年每出一个差不多技术规格的新专业机型时旧机型的价格就要跌一半。其实,数码照相机主要部件 CMOS 或 CCD 感应器的生产成本非常低,可以大规模生产,等厂家把研究、开发费用收回了,价格就要大幅度下滑了。

就图像质量而言,目前佳能、尼康、索尼等全画幅或准专业定位的高端数码照相机都表明了数码摄影的质量潜力,数码图片和传统 135 胶片的效果在不断靠近。而数码照相机在颗粒度(杂噪点)和能随时更换感光度和色温(白色平衡)的方便性上是传统照相机所远不能及的。

11.多样输出,效果独特

数码影像系统拍摄所得的影像除了制成照片外,可以做成电子相册在电视机、电脑显示器甚至通过投影仪投影到银幕上观看;可以做成 CD 或拷贝、存储到硬盘或存储卡上;还可用打印机等制成纸质或丝绸巨幅照片……数码影像在视觉效果上也独具一格:具有高锐度和艳丽的色彩。

12.数码照相机特别适合微距摄影

过去,拍摄微距图片对于大多数摄影爱好者来说有些遥不可及,因为普通镜头不能靠得太近拍摄,而微距专用镜头又比较昂贵。数码照相机与传统照相机却不同,大多数机型都有强劲的微距功能,即使二三千元的低档普及机型也具有该功能。因此,有数码照相机就可以享受微距摄影的乐趣。

二、数码摄影的不足

尽管数码影像系统来势凶猛,传统摄影的市场和地位被撼动,但由于技术水平、生产成本等原因,目前数码摄影系统与传统摄影的工艺相比,也还存在着一些不足,主要表现在以下几方面:

1.同等档次数码摄影器材的影像质量某些方面不及传统摄影

首先,数码影像质量受制于影像传感器 CCD 或 CMOS 的质量,在当前的技术水平条件下,同等档次水平下的数码影像的宽容度还不及传统胶片的宽容度。因此,数码影像在阶调与微妙细节再现上不如传统胶片获得的影像,特别是明暗高反差阶调的再现时,层次的缺失在所难免。

其次,数码影像在清晰度上与传统感光胶片也存在着差距。目前,135 照相机使用的传统胶卷的分辨率多为 100 线对/mm 以上,有的甚至接近 200 线对/mm。如果把一对线当两个点来看,那么传统胶卷的影像清晰度相当于一千万到四千万个像素,而目前的主流数码照相机分辨率普通为一千多万个像素,显然,当前普通数码照相机的影像质量还不及传统胶片的影像质量。如果与中大画幅传统照相机的成像质量相比,其差距就更大了。虽然现在市场上有了专业的中大画幅数码照相机后背,但这类后背因采用扫描方式拍摄,拍摄一幅照片的曝光时间比较长,所以在拍摄静物、广告产品方面有优势,但在拍摄快速运动物体、瞬间变化的场景等方面就显得力不从心,无法拍得高清晰度的影像。

2.售价偏高、贬值太快

在价格变化方面,数码影像器材的市场价格往往是一天一价,贬值速度奇快。此外,传统摄影器材附件的通用性比较强,不同品牌之间兼容好,如部分品牌的镜头还可以在三四十年后生产的照相机上使用。但数码影像器材的附件就不能如此通用,就是同一品牌自己生产的附件在二三年后的型号上也可能不兼容。因此购买数码影像器材,特别是追赶新潮的朋友往往要付出高昂的代价。

3.对电力的依赖性强

数码影像器材的工作动力来自电源,而且耗电量大,一旦没有电力,便无法工作。如不少数码照相机取景、预览或回放都通过液晶显示,而液晶显示器的耗电大,一组电池支持不了多少时间,要长时间拍摄得依靠多套电池。

4.响应速度偏慢,抓拍、连拍受限

普通数码照相机由于受制造成本限制,影像处理速度还不够快,开机时滞、拍摄时滞一般较长,有的甚至要 0.5 秒才有响应,这常常影响到拍摄工作,如拍摄篮球比赛,你是在投篮时按下的快门,经过 0.5 秒的时滞,所得非所见,拍摄到的却是篮球落地的情景。因

此,抓拍与高速连拍要买高端专业数码照相机,普通数码照相机尚存在不足。

5.视角偏小,拍大场景受限

由于普通数码照相机的影像传感器面积比传统135胶卷画幅小,同一焦距的摄影镜头安装到数码照相机上,将使摄影镜头的实拍范围减小。普通家用数码照相机一般不能更换摄影镜头,且所配备之变焦镜头的变焦范围又有限,拍摄时受到较多的限制,特别是拍大场景受限明显。这一拍摄效果的差异,给用惯了传统照相机的摄影者带来诸多不便和困难。

6.真实性受到怀疑,图片的可贵品质正在缺失

过去,人们普遍认同照相机是一种写真工具,真实性是摄影图片的可贵品质。基于这种认识,摄影图片往往被当作佐证材料。但当摄影进入数码时代,影像可以进行任意再加工处理,使得人们的想象都可以变成现实有形的图像。因此摄影创作如虎添翼,变得无所不能,摄影人可以在照片上添加枝叶,可以修改缝补,可以"张冠李戴",可把一些不相干的事物拼凑在一起……同时由于技术手段的改变,图片的内涵和真实性正发生变革,图片的社会功能也受到挑战。这将使照片今后是否仍能作为法律证据受到质疑。

第三节　数码摄影的未来

数码摄影从色彩失真、影像模糊的"原始"图像开始,到现在被媒体广泛采用的高保真、高清晰图片,只用了短短十几年时间,而正是这十几年的发展撼动了传统摄影的百年基业。目前数码摄影在图像质量和价格上几乎每过几个月就有很大的变动,并且在即时性和加工方便性上都比常规摄影有优越性。虽然现在的数码摄影也还存在时间延迟、层次欠缺等不足,但数码摄影的优势已日益显现。数码摄影之潮可谓"来势汹涌",毫无疑问,摄影的未来其主流为将被数码摄影所代替。这可以说只是一个时间的问题。传统摄影没有一下子被打下擂台的原因除了现有模拟照相机用户不愿再投资、搞惯了传统摄影的人不想丢弃现有的手艺外,主要原因是数码摄影的图像质量在同等价格上还不能和传统摄影媲美。再者,原先的数码图像分辨率、色彩还原在整体上不如模拟图像,而且要输出可以触摸的高质量照片成本高、过程长,这些负面影响都需要一定的时间才能排除。等到数码照相机的价格和质量能和模拟照相机相差不多时,那么模拟摄影就要"退居二线",而且很可能要销声匿迹了。

但是,也有人预测数码摄影不会完全取代传统胶片摄影,两者是并驾齐驱、和睦共存。他们往往引用艺术史上摄影没有取代绘画来作为数码摄影不会取代传统摄影的证据。我们的预测是在不远的将来数码摄影会在主流社会中完全取代传统摄影。传统摄影可能会暂时在模拟技术发烧友市场苟延残喘,但最终还是要寿终正寝的。

数码摄影和胶片摄影的关系不同于摄影和绘画的关系。摄影和绘画是两种不同的艺术。摄影没有绘画的抽象性和概括力，绘画也没有摄影的细节再现保真度；一个是手和颜料，一个是银盐感光，两者各有所长，各有所短，相辅相成。再说，摄影再普及也砸不了画家的饭碗。绘画顽固派只要一根笔杆，几撮鸡毛，搞点靛青洋红就又能刀枪上阵了。而摄影却完全不同，因为它是高科技产物，一旦照相机、胶卷制造商发现他们已不能再在胶片技术市场赚钱而停止胶片机子和材料的生产，那时即使是再顽固的传统摄影坚硬分子也没地方找米下锅了。数码和胶片摄影只是两种不同的手段，它们产生的结果是完全一样的。对一个摄影者来说最终画面效果是根本，是使用数码还是胶片技术就像复制文件是用静电复印还是蜡纸油印，若两者的效果和价格完全一样，那么谁也不愿意戴上老花镜用铁笔钢板一板一眼地描半天才出一张复制品。然而目前社会上对胶卷、暗房的眷恋情节仍大有市场，这种现象对摄影本身是不利的。我们认为摄影从胶片到数码的过渡就像当年从玻璃湿板到赛璐珞干板的进步一样，是很自然的事。

对数码摄影的发展趋势，一直是众说纷纭，百家争鸣。可以肯定的是当前数码摄影的不足和缺点会逐步得到克服和解决。如：数码摄影的成像质量和画幅尺寸不足，但现在数码影像传感器的技术发展极快，再有三五年时间的发展，质量肯定可以与传统胶片拍摄的影像相媲美，传感器的尺寸也可以做得越来越大，如当前已经有佳能 1Ds Mark Ⅲ、尼康 D3X、索尼 α900、佳能 EOS 5D 等 135 全画幅尺寸数码照相机和飞思、Leaf 等中大画幅尺寸的数码影像后背面市。

预计未来几年：首先，数码影像质量将赶超传统胶片拍摄的影像。目前的数码照相机在色彩、反差的调控方面已经比传统摄影方便，在宽容度、层次、微妙细节再现上的不足将逐步得到改善，部分专业单反数码照相机拍出的影像已经接近传统胶片的效果。

其次，数码照相机市场将被细分，针对不同的市场数码照相机将会向多元化发展。如针对普通家庭的照相机，数码照相机将向轻便、小巧、时尚、廉价方向发

图 1-17　家用数码照相机将向方便、轻量化方向发展

展;针对摄影爱好者的数码照相机其影像传感器将向 135 全画幅 (36mm×24mm)看齐,全画幅尺寸的数码影像传感器越来越普及,可兼容传统 135 镜头;针对专业摄影工作者, 数码照相机的像素进一步提高,2000 万甚至更高是常见量,其成像可以满足各种不同的要求。

最后, 数码摄影器材的配套更趋完善,如影像的储藏空间、电池的容量都会进一步提高;数码影像的处理软件更庞大、完善;网络速度、无线传输都会得到提升…… 摄影不再是一门按按快门的简单技艺,而是涉及电脑技术、软件运用、艺术修养等多个领域、多学科的综合性艺术创作活动。

图 1-18　专业数码照相机将以更高的质量更齐备的配件替代传统机型

图 1-19　摄于西藏山南,光圈 f/10 速度 1/100 秒,光圈优先自动曝光,蔡司 24~70mm F2.8 镜头 索尼 α900 照相机。

第二章 ▶

数码摄影系统

第一节　数码摄影系统的构成

在数码摄影系统出现之前，传统摄影系统中用于记录影像的介质是银盐感光材料。银盐感光材料在曝光后，并不能立即将记录的影像呈现出来，必须经过底片的冲洗和照片的印放才能获得照片。拍摄、冲洗、印放是传统摄影系统的三大组成部分。而数码摄影系统则是通过电脑运用数码信息处理手段，对影像进行显示、处理、制作和输出的。数码摄影系统不论是使用的介质还是采用的手段与传统摄影相比都发生了质的飞跃，因此，数码摄影系统的组成有别于传统摄影系统。通常我们将数码摄影系统分成输入、处理与输出三个组成部分。

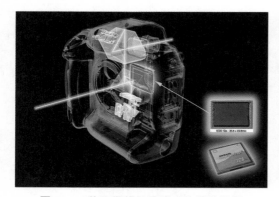

图 2-1　数码照相机用感光体记录影像

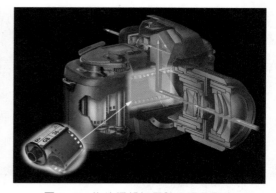

图 2-2　传统照相机用胶卷记录影像

一、数码影像的输入部分

图像输入部分的任务是将影像转换为可由电脑处理的数据信息。拍摄是数码影像输入的重要手段，但并不是唯一手段。除了拍摄还可以通过各种存储媒体，如：光盘、磁盘、优盘、移动硬盘以及网络传送等多种设备和方式，将现有影像的文件输入电脑。此外摄像

图 2-3　数码摄影系统的构成

机、监视器等拍摄的影音文件通过采集卡也能转换成图像信息。拍摄也并非一定要用数码照相机拍摄,传统照相机拍摄的照片通过扫描仪转变成电脑能识别的图像文件也属于数码影像的输入。因此,数码影像的输入包含拍摄、现有文件的读取、转换等多种方式和方法,涉及的设备也非常多。当前最常见的输入设备有:数码照相机、照相机数码后背、扫描仪、移动硬盘、光盘、磁盘、优盘等。

1.数码照相机获取图像

数码照相机的光学成像系统如同传统照相机,也用光圈和快门来控制曝光量,不同的是记录影像的感光材料换成了影像传感器(CCD 或 CMOS 等)。拍摄时影像传感器将图像信息记录处理后转换成数据信息贮存在数码照相机的储存卡中。

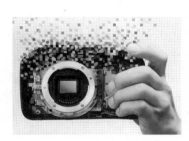

图 2-4　拍摄获取图像

2.扫描仪获取图像

扫描仪是数码摄影系统中获取数码图像信息的又一主要途径,特别是在前几年数码照相机发展还不够成熟的时期,很多用传统摄影技术拍摄的影像通过扫描仪扫描,转变成数码文件输进电脑,然后通过影像软件处理。

3.其他方法获取图像

除了数码照相机拍摄,扫描仪扫描,还可以通过光盘、移动硬盘、优盘、磁盘等多种媒介来获取图像,也可以

图 2-5　扫描获取图像

通过访问网络获得图像。

由于一张光盘有超过 600MB 的容量,且已刻进去的图像不会再被病毒感染,用光盘这种介质保存图像是当前比较经济的方法。目前,一张光盘只要一元多钱,大部分市售的图片素材都采用这种载体。

移动硬盘容量大,可以擦写,也是用来保存图像的主要手段。但移动硬盘的防振,防病毒能力不如光盘,所以可靠性欠高。

用优盘、磁盘存储图像文件,也不失为获取图像的又一种途径,以前曾常见的磁盘只有 1.4MB,容量较小,只适合拷文件较小的图片,现已被淘汰。

图 2-6　移动硬盘存储图像

二、数码影像的处理部分

数码影像处理部分负责对输入部分提供的影像信息通过人机对话进行再加工,用运算得出的图像信息,来获得我们想要的数码影像新效果。加工制作可以是对亮度、反差、饱和度等画面的常规处理,也可以是通过修补、移花接木等各种手段来获得特技效果。数码影像处理轻而易举地实现传统摄影所无法达到的一些特效,为摄影创作开辟了新的天地。

电脑是数码影像处理的主要设备。数码影像处理用的电脑首先应该装备与外界通信用的端口,如 1394(火线)端口、网卡、USB、串行端口、SCSI 端口等接口。其次,还要安装图像文件信息处理用的软件,如 Photoshop、Windows 的画图软件、街头盛行的头发造型软件等。现在这类软件非常多,各有各的长处和适合的使用群体,但作为摄影爱好者,应该了解和学会使用 Photoshop,这是最专业的图像处理软件。再次,要有可以将处理好的影像保存并传递给他人的设备。前面提到的移动硬盘、光盘、磁盘、优盘等就是这类设备。至于电脑需要多高档次的配置,我们认为当前市场上的任何一款主流电脑都能胜任通常的图像处理,如果内存大些、显卡好些当然更有利于图像的制作和处理。这里就不作展开,具体可参考有关的电脑书刊。

三、数码影像的输出部分

数码影像处理好后,既可以输出照片,也可以用来打印或输出成印刷用的四色胶片,还可以用显示器、投影仪来展示。因此,数码影像输出部分有多种选择,采用什么方式取决于用途。当前常用的数码影像输出设备有:激光数码彩色扩印机、激光数码出片机、打印机、投影仪等。

图 2-7　电脑是数码影像处理的核心设备

图 2-8　数码照片专用打印机

图 2-9　激光数码影像输出设备

第二节　数码照相机的种类

　　数码照相机在结构、工作原理上与传统照相机颇为相似,两者最大的区别就是数码照相机用电子影像传感器取代了传统胶卷。最早的数码影像传感器的工作原理与扫描仪相似,都是通过扫描照相机像场上的影像获得图片。其中又分一次性扫描和用红、绿、蓝原色滤色分三次扫描。随着电子影像传感器技术的发展,现在的数码照相机开始大量使用较大片幅的 CCD 芯片或 CMOS 芯片,都是快速、一次性获得影像,这些 CCD 或 CMOS 芯片尺寸从 5mm 到 36mm 不等。但由于技术和制造成本的因素,当前数码照相机的芯片面积普遍都小于传统 135 画幅。

　　现有的数码照相机可大致分为普通家用数码照相机、准专业数码照相机、微单、单电数码照相机、专业数码照相机、专业数码背机五类。

一、普通家用数码照相机

　　普通家用数码照相机是最常见、用量最大的机种。市场上售卖的普通家用数码照相机品种数不胜数,外观时尚小巧、操作简单是其最显著的特点。当前,几乎所有的照相机生产商和部分本来制造电脑周边器材的产商都在生产这类照相机,分享着这个庞大的市场。

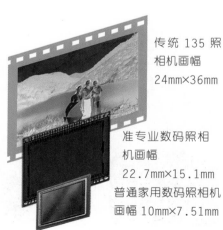

传统 135 照相机画幅
24mm×36mm

准专业数码照相机画幅
22.7mm×15.1mm

普通家用数码照相机画幅 10mm×7.51mm

图 2-10　各类照相机的感光体画幅大小

知名度较高、规格品种齐全的品牌有:佳能、尼康、富士、奥林巴斯、美能达、潘太克斯等,生产家电产品的索尼、卡西欧、松下等也占有一定的市场份额。由于市场竞争激烈,各品牌对市场进行了细分。这类照相机又可分为高、中、低档,大部分高中档照相机的镜头可以变焦,功能复杂,低档的镜头焦距固定,甚至连储存卡也是内置不可更换的,还有些简单得如同一个摄像头。

图 2-11　市场上常见的普通家用数码照相机

二、准专业数码照相机

这类照相机主要针对摄影发烧友开发,体积稍大,镜头可以变焦,成像质量比较优秀,总像素也较高,传统照相机上具有的操控功能都能在这类机型上找到,体现了"质量优先于外形"的设计理念。这类照相机由几家有实力的照相机专业厂家生产, 如佳能G12、尼康 Coll pix 8200、富士 Fine Pix×100、卡西欧 EX-ZX100,松下 LX5 等。此外,也有名牌家电厂商涉及开发该领域产品,如索尼的部分数码照相机还采用了"卡尔·蔡司"之类的名牌镜头。但这类厂家在设计理念上没有照相机专业厂家那样通晓摄影发烧友的喜好,总有不那么到位的地方,尽管这类厂家生产的照相机在外形、价格等方面都有一定优势,但在摄影爱好者的心目中与专业照相机品牌相比,还是略逊一筹。

这类照相机的价位稍高,特别是刚上市时,定价会更高,但当竞争对手的同类产品推出后,市场上原有的品种价格马上会下降,不久又将会有新品推出。这是近年来数码照相机市场的竞争法则。有摄影爱好者认为"购买淘汰过时的准专业数码照相机,影像质量还能胜过高像素的流行家用机型",这不是没有道理的。

图 2-12　市场上常见的准专业数码照相机

三、微单、单电数码照相机

微型小巧且具有单镜头反光功能的照相机称之为"微单"相机。而"单电"是模仿"单反"叫法简称而来,是指使用电子取景器,不需要反光镜就可以像单反一样更换镜头的照相机。

单镜头反光照相机由于可以更换镜头,而且"所见即所得",深受摄影爱好者的喜爱,是目前最主流的高端机型。但是,为了实现"所见即所得",不仅结构复杂,而且反光镜要在拍摄期间往复运动,其产生的噪声、震动都是干扰拍摄的有害因素;使用闪光灯还受闪光同步速度的限制。在激烈的照相机市场竞争中,尼康、佳能通过长期积淀,在单反照相机领域占据了绝对的优势!其他厂商在这一领域的市场争夺中力不从心,处于竞争劣势的小厂只有另辟蹊径,绕过无比复杂的取景、对焦等系统,依靠时尚、进步的概念吸引市场的眼球。在这种背景下,2008 年 9 月松下率先推出了采用"4/3 系统标准"的 G1 微单。

这种系统打破了传统的照相机格局,既可以更换镜头,还兼顾了影像品质和携带的方便性, 是介于卡片和单反之间的特殊产品。微单相机的问世迎合一批特定的用户群,市场的回应积极。原来不屑一顾的大厂尼康、索尼也不得不放下架子纷纷参与微单、单电照相机的开发。到 2010年,除佳能外各大照相机厂都推出了微单、单电照相机。

微单、单电照相机有其先进性,但并非是单反照相机的技术进化,更不是单反系统落后于时代的问题。是市场细分的结果,并非人人适合。如果选购微单、单电照相机,有三个问题必须考虑:一是配套的镜头选择余地问题,目前微单镜头群没有单反镜头群那么丰富;二是价格问题,微单、单电照相机价格远高于消费级产品;三是影像质量问题,微单、单电照相机虽然胜过普通卡片机,但和那些专业单反照相机相比还有距离。微单、单电照相机何去何从?还要看今后在这些方面的完善情况。

图 2-13　微单、单电数码照相机

四、专业数码单反照相机

专业数码单反照相机以 135 单镜头反光照相机为蓝本开发，与普通家用数码照相机的最大区别是：高要求的操控性能和高质量的影像质量以及镜头可互换性。专业数码单反照相机最先由柯达开发成功，到现在已经发展到六代。但这类照相机的画幅大多数仍小于传统 135 底片的画幅，全画幅的数码单反照相机为数不多。柯达公司 2003 年推出的 DCS-14n 是当时的佼佼者，目前其霸主地位已被佳能 EOS-1Ds Mark Ⅲ 取代。1Ds Mark Ⅲ 有 2110 万像素，足够应付一般的印刷、灯箱喷绘等广告摄影需要。在这个领域老牌照相机厂商尼康前几年有些落伍，除了 500 万像素的 D1X、600 万像素的 D100、D70、D2H 和 1220 万像素的 D2X 外，一直没有全画幅的数码机型。直到 2008 年 12 月尼康推出 D3X 才改变佳能一统天下的局面。非全画幅的专业数码单反照相机品种已很多，除佳能、尼康外，富士、美能达、奥林巴斯、潘太克斯等都研发推出了自己的产品。

图 2-14　专业数码单反照相机

五、专业数码背机

专业数码背机主要供职业摄影师从事高品质的商业摄影用途。此类背机由数码后背和传统的中、大画幅照相机组成。由于超大面积的影像传感器制造难度大，价格成本高，部分供大画幅照相机使用的数码后背是将整个画幅分割成 2~4 个区域拍摄，然后用软件缝合起来。这类照相机的早期产品不仅体积粗笨，还必须连接电脑来即时存储和处理影像。因此，一般都局限在影棚内使用。但是，近一两年来，专业数码后背技术得到了较大的提高，目前国际上主要照相机生产厂家生产的产品都已经无须和电脑连线操作，携带便利，与传统中、大画幅照相机已相差不多，这将是这类机型的发展方向。

国际上主要后背生产商有丹麦的 PhaseOne 和 Imacon，以及不断易主的 Leaf。PhaseOne 的拳头产品是 P25 后背，这款机子可以和哈苏、玛米亚、康泰时等牌子的 120 传统单反机配套使用，最高像素达 2200 万。Leaf 的 Valeo 后背和 Imacon 的 Ixpress528C 也都达到了 2200 万像素，而在成像质量和使用灵活程度上要稍逊一筹，但 Leaf 产品有一个无线传送系统，拍摄后立即能在附近的大屏幕上观看拍摄效果，特别适合于影楼和产品影棚。

图 2-15　专业数码背机

第三节　数码照相机的选购和使用

一、数码照相机的选购

数码照相机的即拍即现和几乎为零的耗材支出,如同磁石般吸引着摄影爱好者。随着功能的不断完善和价格的一降再降,越来越多的摄影爱好者正酝酿着添置自己心爱的数码照相机。而面对众多的品牌、繁多的品种,要想选购一台适合自己的数码照相机还真不容易。下面我们就讲讲选购数码照相机时要注意的事项和要考虑的方面。

1.机型和品牌

购买数码照相机和购买其他商品一样,要把握经济实用的原则,一定要根据自己的实际需要购买,不要一味追求功能的完善和性能的优越。有些功能几乎是摆设,你可能永远都不会去用。当然,在经济许可的情况下要尽量买单镜头反光照相机。虽然小型数码照相机都能在液晶屏上即时看到实拍效果,不存在视差和景深差,但快门和光圈的可调度十分有限,一般最高快门慢于 1/1000 秒,最慢快门速度在 4 秒以内,没有 B 门;最大光圈在 f/2.8~3.5,最小光圈在 f/8 左右,而且所带的变焦镜头一般都只相当于 135 照相机的 35~200mm,极大地限制了拍摄范围和效果。小型机的另外一个缺陷是快门有时滞,不同厂家和型号介于 0.1~0.5 秒之间,在拍摄运动物体时会造成快门滞后,导致拍摄失误。而数码单反照相机时滞短,几乎就像传统单反照相机,滞后问题可忽略。

若决定了购买单反照相机,那么可供选择的牌子就很有限了,目前只有佳能、尼康、索尼、宾得等几个系列。考虑牌子时一定要将现

图 2-16　佳能数码单反照相机

图 2-17　尼康数码单反照相机

有镜头考虑进去,这样不但可在镜头和滤色镜等附件上少花钱,还可以在出门时少带一套设备,可谓一举两得。

家用小型照相机市场因为很多厂家一哄而上,牌子众多,质量参差不齐。不同的牌子虽然标称的规格相同,但实际质量相差很大。我们的建议是购买原来生产照相机和镜头的厂家的产品。因为照相机是这些厂家的命根子,他们不但在产品质量上有基础,而且在技术支持上要更负责,在产品的更新换代时也更会考虑往后兼容性。而有些原来生产其他产品的公司,现在打入数码照相机市场大有"乘机捞一把"的动机,说不定什么时候就停产了,到时候配件、产品服务支持说停就停,叫你有问题时无处找,郁闷至极。

据我们近几年来的跟踪分析,单反照相机以买佳能和尼康为首选。佳能在自动对焦和电气控制上一直就领先,现在在镜头质量上也有很大提高。它是最早将 CMOS 技术用于高档数码照相机的厂家,目前已用它的产品改变了整个摄影界对 CMOS 的看法。

至于家用小型照相机,以买佳能、尼康、索尼、富士、松下和奥林巴斯的为好,其中,索尼是最早将 CCD 用于摄像设备的厂家,对 CCD 的研究和应用已有近三十年的历史;富士对 CCD 的研制投入了大量的人力、物力,分辨率和色彩还原比普通 CCD 高出一筹的 SuperCCD 就是富士公司研制的。

2.像素数

我们购买数码照相机时,关心最多的往往是数码照相机的像素。总像素数是衡量数码照相机质量最关键的技术数据。总像素数指的是一个画面上像素的总数目,一般总像素数都以百万像素(megapixel)为单位。大家都知道像素数越高画面记录的信息就越多,分辨率就越好。七八年前,像尼康 Coolpix 990 这样三百多万像素的机种已经是比较高档的了,而现在中高档的型号就已到了千万像素。目前总像素值最高的是尼康 D800 已达 3630 万像素。

百万像素到底是什么意思呢?因为一个画面的总像素数是其长边像素数和宽边像素数的积,所以一个画面若有 100 万个像素,那么 1000000 就等于长宽两边各有 1000 个像素。当然数码照相机和模拟照相机一样,成像一般都不是方形的,而是 3:2 或 4:3 的矩形,所以总像素是 100 万的数码照相机拍成的图片大约为 1200×800 像素。知道了这一点,我们就可以知道 200 万、300 万和 400 万等总像素值的照相机的大概长宽像素值了。

知道了大概长宽像素值后,我们就需要弄清楚各种规格的图像的大致打印和显示尺寸和主要用途。因为数码图像不外乎用于屏幕展示、打印或印刷刊物,我们只要知道每种途径的内在分辨率要求就能知道最终图片的大致尺寸了。

（1）300 像素的画面 （2）4800 像素的画面 （3）20 万像素的画面 （4）160 万像素的画面

图 2-18 不同像素的画面情况

打印照片时,不管是喷墨、热升华、数码彩扩或者是喷绘,有 200dpi 一般就能打印出比较高质量的片子了。刊物印刷图片是由半调网点的丝网每英寸线数(lines per inch,简称 lpi)来决定的。一般报纸在 85lpi 左右,杂志在 150lpi 左右,其他高档艺术装帧品在 150lpi 以上。丝网线数 lpi 和照相机分辨率 dpi 的关系是:若刊物的丝网线数在 133lpi 以下时,照片的 dpi 数值要求等于 lpi 的 1.5 倍;丝网线数在 133lpi 以上时,dpi 要求数值等于 lpi 的 2 倍。这也就是说报纸要求 128dpi 的分辨率,而杂志书刊需要 300dpi 的分辨率。这样,同样一张 6in×4in 的照片,在报纸上因为印刷精度低,只需要 768×512 像素,而在杂志书籍上就要 1800×1200 像素了。下表是几种常见的总像素值照相机和它们最大分辨率图片在各种展示方式下的大致尺寸。

表 2-1 总像素和最大影像尺寸对应关系

总像素数 （百万像素）	长宽像素数	屏幕显示尺寸 （72dpi 时）	照片打印	报纸质量	杂志质量
1.0	1200×800	16in×11in	6in×4in	8in×6in	4in×2.6in
2.0	1600×1200	22in×16in	8in×6in	10in×8in	5in×4in
3.0	2048×1536	28in×21in	10in×8in	16in×12in	6in×5in
4.0	2272×1704	32in×24in	12in×8in	18in×14in	7in×5.6in
5.0	2592×1944	36in×27in	12in×10in	20in×15in	8in×6in

虽然总像素数是衡量数码照相机质量最关键的技术数据,但数码照相机的成像质量并非只是由总像素数决定的。因为 CCD 或 CMOS 存在外形尺寸和制造质量上的差异,每个照相机产生的像素的大小和质量完全不一样。同样的像素数值产生的实际效果可能会大相径庭。一个比较典型的例子是佳能的 EOS-D30 和索尼的 DSC-F707 这两款前几年同时很流行的机型。D30 只有 300 万左右像素,而 F707 有近 500 万像素,可实际图像效果

普遍反映还是 D30 好。作者也使用过柯达 DCS Pro 14 和佳能的 EOS-1Ds,虽然 DCS Pro 14 的标称总像素要比 EOS-1Ds 要高出 300 万,但实际效果还是 EOS-1Ds 好很多。

另外,每个像素的色深和照相机的动态范围是两个与总像素一样对成像质量至关重要的因素。色深越高,照相机的色彩还原越真实。在很多时候色深比分辨率(总像素数)更重要。同理,动态范围越高,不但色彩还原越好,曝光宽容度越大,各灰阶之间的转换也更顺畅无痕。遗憾的是各照相机厂家都不标动态范围数值,所以读者在购买数码照相机之前一定要多上网看评论和实拍效果,多和已有用户交流,有可能的话要试用以后再买。

同时,快门的时滞、存储速度也是必须考虑的因素。只有这些综合性能比较均衡,能"德智体全面发展",数码照相机才能发挥最佳性能。现在市场上有些品牌的数码照相机像素数标得很高,但镜头质量、存储速度、可靠性等却跟不上,这样的"跛脚"照相机有高的像素数也是白搭。一般来说上网、屏幕显示、家庭生活摄影等并不需要太高的像素数,有两百多万就够了。像素数再高只会降低拍摄速度、浪费存储空间。笔者使用过佳能、尼康、美能达等多款数码照相机,曾让我爱不释手的却是一台老机子尼康 Coolpix 950,虽然只有 200 万像素,但图像的锐度和色彩的饱和度都非常好,特别是在光线暗弱的室内拍照,它的抗抖(无防抖功能,会自动调整感光度,将抖动降到最低)、降噪、色彩还原十分优秀,当前一些流行的千万像素的数码照相机都难以做到这一点。我们也用过尼康后来的升级版 Coolpix 990、Coolpix 995、Coolpix 4500, 它们某些方面还是赶不上 Coolpix 950。所以,在经济条件有限的情况下,要根据用途选机,大可不必一味追求高像素。

3.存储卡类型

选择数码照相机的另一个要素是存储卡。不同的存储卡有不同的体积、插口、最大存储量和读写速度,如果事先不了解好这些特性,一旦机型定下来就不能反悔了。存储卡以通用性好、每兆字节的价格低为最佳。目前最流行的有四种存储卡:Compact Flash Card (简称 CF 卡)、Memory Stick、Microdrive 和 MultiMedia Card。另外原来用于电话手机的 Secure Digital Memory(简称 SD 卡)也渐渐被用于数码照相机上。这几种常见存储卡使用的都是一种叫"闪电"的低能耗、固态电路信息存储技术。这种技术和计算机的内存差不多,它体积小、读取写入快,和内存不同的是停电后数据不会逃逸,故又称为非逃逸信息技术。以上几种存储卡的主要技术数据见表 2-2。

图 2-19　各种类型数码照相机的存储卡

　　除了这些存储卡外,索尼还曾生产几个型号的用光盘刻写存储的数码照相机。因为光盘体积大且碰撞、晃动机身都有可能造成文件误存,还要购买特定的光盘,实际费用不

表 2-2　数码照相机存储卡规格和性能特点

英文名称	Compact Flash	Memory Stick	Microdrive	MultiMedia Card	Secure Digital Memory
英文含义	小型"闪电"卡	记忆棒	小型驱动器	多媒体卡	安全数码记忆体
外形尺寸	43mm×36mm×3.3mm（这个规格的卡又叫I型CF卡）	50mm×21.5mm×2.8mm	43.8mm×36.4mm×5mm（这个规格的卡又叫II型CF卡）	32mm×24mm×1.4mm	24mm×32mm×2.1mm
通用性	目前数码最流行的存储卡,大约有80%左右的市场占有率。各照相机之间的通用性最好。	索尼将其当作多种电器的记录媒体。数据数码摄像机、MP3放音机等都通用,就连索尼多媒体电脑上都原装了记忆条阅读器。但在其他公司产品上运用不是很广。	因为用II型CF卡的机子都可以使用I型卡,所以大多主要照相机厂家都将插口做成II型卡槽,这样,很多照相机都可以同时接纳I型和II型CF卡。	主要用于手机、掌上电脑、MP3放音机、手机和电动玩具的信息存储,故称为多媒体卡。只用于个别数码照相机上。	这是一款新型的多媒体卡。近来被相当数量的数码照相机采用。因为它体积相对小巧又牢固,使用这种存储媒体的机种可能会不断增加。
其他主要特点	使用一种叫"闪电"的低能耗固态电路恒久性信息存储技术,故名。"小型闪电"卡又分I型和II型。I型的厚度是3.3mm,II型的厚度是5mm（见Microdrive）。它的耗电量只有普通软盘驱动器的5%,加上没有动件,无噪音、读存快,牢固度要比普通磁盘高出五倍,从3m处摔下不会坏。	记忆棒综合了CF卡的牢固和多媒体卡的小巧。同时触点针脚的数目、接触面积和牢固度都比以上两者要强。另外它正反面易区分,还有防抹拨钮,就技术和设计合理性而论,这可能是所有存储卡中最强的产品。可惜的是因为专利问题运用不是很广。	虽然在兆字节价格上是所有存储卡中最低的,因为它不是固态电路,里面有转动的小硬盘,牢固度很低,只能经受30厘米下落的冲击。另外,它的耗电也要比其他所有固态电路的存储卡要大得多。	它的主要优点是能用一技术和标准在各种产品中统一使用。	特有的加密技术能防止盗版,故称为"安全"数码记忆体。

会像厂家宣传的那么低。现已被冷落。

选购存储卡时通常有一个误区,即一般人都认为容量越大越好,觉得容量大,存得多,每兆字节的价格就越低。但大家知道储存在同一个存储卡上的图片越多,出现故障的可能性也就越大,而且一旦丢失,损失就越大。所以,宁可多带 8G 甚至4G 容量的小卡,而不用 32G 以上的大卡,以免损失惨重。至于 Microdrive,笔者还听说过因为里面马达出故障引起照相机着火的,所以读者在购买前一定要多方打听,多向实际用户讨教才是。

总体上说,我觉得目前价格性能比最好、通用性最强的还是 CF 卡和 SD 卡。

4.感光体类型

数码照相机的心脏是感光体。现行的感光体有两种:CCD(charge-coupled device 电荷耦合器)和 CMOS(complementary metal oxide semiconductor 互补性金属氧化物半导体)。这两种感光体的工作原理差不多,都是将光信号转换为电信号,但是制造过程、机械结构和成本却各不相同。

CCD 在 20 世纪 70 年代末就已发明、应用,目前此项技术已经相当成熟。它成像质量好,信噪比高,但制造过程复杂、成本高,且制成后的感光芯片和电路分体,使照相机体积增加。相比之下 CMOS 技术要"年轻"得多,一直以来它的图像质量都不如 CCD,这表现在芯片容易过热,噪点多,影像锐利度和动态范围都不如 CCD 好,加上 CMOS 每个光敏件边上都有个微晶体管,射到感应芯片上的光线被晶体管遮挡,所以感光度也要比 CCD 低。不过 CMOS 的感光芯片和信息处理电路是融为一体的,不但制造方便,牢固性和耐久度都要胜过 CCD。

目前 CMOS 技术在成像质量上已经取得了重大突破,在首次将 CMOS 感应芯片用于高档单反机 EOS-D30 后,佳能现在几款最高像素值的单反机都是采用 CMOS 感光体的了。随着美国 Foveon 公司去年推出新型的 X3 技术 CMOS,我们估计未来的感光体可能绝大多数会是 CMOS。Foveon 的 X3 芯片是一项独特的新技术。原来的 CCD 或CMOS 感光体每个像素格子只记录红、绿、蓝中的一种颜色,这样,每幅画面的很多信息实际上是通过插值模拟出来的,所以色彩还原和分辨率都受很大影响。X3 芯片利用了 CMOS 硅片在不同深度吸收不同光谱光线的原理,在一个像素格子上同时记录红、绿、蓝三种颜色,这样无形中就将色彩还原和分辨率提高了三倍。目前只有镜头生产商适马的 Sigma SD9 和 SD10 型照相机使用这种芯片,但是可以预见在未来的几年里,这种技术将在数码照相机行业得到广泛使用。对咱们这样的用户来说,所购的机子是什么类型的感光体已越来越不用我们去关注了。

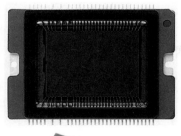

图 2-20　数码照相机的感光体

5.焦距倍数

镜头拍摄范围的角度是根据底片或感光体的大小决定的。镜头的变焦倍率有光学变焦倍率和数码变焦倍率之分,光学变焦倍率是指镜头焦距从最短端到最长端变化的幅度,变焦倍率越高,镜头焦距变化的幅度越大, 镜头的适用范围也就越广,当然镜头的制造难度和价格也就越高。选购时应选变焦倍率大的产品,但更需要注意的是短焦端的起步焦距。现在的数码照相机的感光体通常比135照相机的画幅小,要制造视角宽广的短焦距变焦镜头难度较大。市面上常见的一些数码照相机其短焦端的起步焦距往往从135照相机的35mm开始, 有的甚

图 2-21　数码照相机的光学变焦倍率常常会标注在照相机的壳体上。

至从41mm开始。这种镜头由于短焦端的起步焦距较长,视角不够广,即便它的光学变焦倍率再高,使用中仍然会受到制约。如尼康 Coolpix 5400 数码照相机镜头从 28mm 起步,光学变焦倍率不到 3 倍,但可适用于通常情况下的摄影需要;而索尼 DSC-F717 数码照相机镜头是从 38mm 起步的,虽然光学变焦倍率高达 5 倍,但在室内一些狭小的空间却派不上用场。所以,选购数码照相机时尽量选择高光学变焦倍率和短起步焦距的产品。

除了光学变焦,现在的数码照相机也可通过数码(软件)运算获得类似的变焦效果,这种变焦就是数码变焦。运用数码变焦获得长焦距进行远摄时,画面实际上是用一小块图像内的信息进行插值获得的,所以分辨率很低,不如光学长焦获得的远摄效果,因此这种变焦没有什么实际意义,还不如后期在 Photoshop 等软件里放大处理。在一般的拍摄状况下,不建议使用"数码变焦"的功能。数码变焦倍率"噱头"的成分较多,选购时对光学变焦倍率的考虑应优先于数码变焦倍率。

6.电　池

购买数码照相机时,商家都会配给你一套原配电池,但其提供的电量在以后的使用过程中往往会不够。数码照相机因为有自动调焦、内置闪光灯和液晶显示屏,用电要比模拟照相机厉害得多,真可谓是电老虎。现在的数码照相机有些使用可充电锂电池,有些使用5号干电池。可充电锂电池有容量大、寿命长、电压稳定等优点,但价格贵,动辄四五百元。而如果用干电池,其费用与传统照相机用胶卷拍摄冲洗的成本相当。我们原先使用的尼康 Coolpix 990,用四节崭新的五号电池拍上七八张电量就耗尽了。因为液晶显示屏的耗电量很大, 使用有些国产的低档干电池还会出现刚装上去就启动不了机子的现象。好在如今有了5号可充电电池,

图 2-22　数码照相机的锂电池容量大,充电时间短。

这个问题有了解决的办法。否则,就等于家里养了头光吃食不长膘的猪,数码照相机"不用消耗原材料"的优势也得不到体现。5号可充电电池的电能容量与锂电池相当,价格却要便宜许多,四节一组的市场销售价格在六七十元左右。5号可充电电池的电能容量大小可参考电池上的标注,当前主流的5号可充电电池其容量一般都达1600mAh时以上,数字越大其容量也大,当然价格也越贵。

选购数码照相机时,考虑到后续费用,在同等条件下应选使用5号电池的数码照相机。实际使用中建议用可充电电池,不要使用普通干电池。

7.快门和对焦时滞

快门和对焦时滞是指按下快门、完成对焦到感光体(CCD 或 CMOS)感光这一瞬间所用的时间,也就是数码照相机的响应滞后。这是人们购买数码照相机时常常忽视的问题,且有些厂家的产品说明书上也是有意无意地避而不谈。虽然数码照相机的快门和对焦时滞时间都比较短,一般都在一秒之内,但这零点几秒足以使眼前的精彩瞬间化为乌有。像拍摄体育运动照片,你想拍下篮球运动员扣篮的画面,看到他跳起时按下快门,由于快门和对焦的时滞,曝光形成的影像很可能是他落地后的动作,肯定不是你期望的画面。

目前,市场上各品牌的快门和对焦时滞都不一样,品牌间的差异比较大,一般情况下照相机的档次越高,快门时滞越短。表2-3列举了几款数码照相机的快门时滞(有些是快门和对焦时滞,有些仅仅是快门时滞,无特别说明一般是指快门时滞)。

表 2-3　各种类型照相机的快门和对焦时滞

照相机型号	快门时滞(秒)	照相机型号	快门时滞(秒)
尼康 D3X	0.037	索尼 α77	0.050
尼康 D700	0.04	索尼 α2900	0.072
尼康 D300	0.045	佳能 1Ds Ⅲ	0.04
富士 2 Pro	0.145	佳能 7D	0.059
富士 F410	0.26	佳能 5D Ⅱ	0.073
理光 Caplio G3	0.14	佳能 550D	0.1

8.购买时机

我们看到了新的照相机面市,总想能够拿在手中玩一玩,最好是能够套在脖子上走遍名山大川,逛大街走小巷四处拍摄。可我们大多数人想得到新机子的同时又想让钱包少流血。为了达到这个目的,我们在购买时机上就得有讲究。

通过几年来的观察,我们发现精明的商人总是一遍又一遍地重复着以下的游戏:"高价的新品推出→降价→降价→降价→停产→做些小改进,换个型号抬价推出→降价→降价→降价→停产"。如果你急于赶时髦,买刚刚推出的新品,你肯定是要当冤大头:

过不了两个月就要跌价。而想等一次次的降价后再出手的话,虽然价格是低了,但有价无市,市场上找不到货,你只好多花钱买改进后的新型号。如尼康 Coolpix 4500,刚出来时要六千多元,三年后降到了两千元以下,并开始断货。之后尼康把镜头焦距改变了一点点后换了个 Coolpix 5000 型号重新上市,价格跳回到六千元。后来尼康又将 Coolpix 5000 停产,把其长焦从 85mm 加大到 115mm 后变成了 Coolpix 5400 型号上市,价格又跳到了近六千元。

一般情况下,一个机型在市场上推出一到两年后,价格降得厂商赚钱不多的时候可能就要停产了。当有停产消息出来时,再等几个月便是掏底的好时机。

二、数码照相机的使用

1.首先熟悉数码照相机

(1)平时注意与数码摄影有关的概念和知识。拿到照相机后要认真阅读该数码照相机的使用说明书,了解该数码照相机的有关功能特点,调节、控制的方法,操作步骤和注意事项等内容。尤其是说明书中强调的有关注意事项和安全须知务必牢记,切勿违反。

(2)认真阅读该数码照相机的使用说明书后,边对照使用说明书边试着使用数码照相机的各项功能和按钮。通过这样的操作,可以熟练掌握该数码照相机的常用功能、模式的调节、特殊拍摄效果的操控等使用方法。这里还有个小提示,当你停留数分钟没有操作照相机时,有些具有节电功能的数码照相机码会自动关闭电源,以节省电力,出现这种情况时不要误以为自己操作不当,或者数码照相机损坏、出现故障。只要再次触碰照相机快门钮,稍等片刻,照相机电源便会重新开启。

2.数码照相机的操作

(1)摄影前的准备。先插好存储卡,关严存储卡仓盖,以防灰尘进入,并按要求安装好所需型号的电池。打开照相机电源开关,检验电池容量是否足够、存储卡是否还有剩余存储空间。如果使用的是新存储卡,应先进行格式化操作。如果使用的是旧卡,则要删除存储卡上的无用内容,腾出存储空间,以备拍摄新的数码影像。

图 2-23　拍摄前要将数码照相机的存储卡插好

(2)设定好照相机的状态。翻看一遍数码照相机菜单上的内容,根据自己的拍摄要求和喜好,把各功能选项调节至所需选项。如根据光线照明的具体情况,设定好感光度数值和白平衡模式;根据影像使用的用途调节好适宜的影像质量模式;根据拍摄环境选择好拍摄模式……这样可以避免拍摄的失败。但是如果设置错误则会带来很多不必要的麻烦,如误选了高压缩率的存储格式,导致画面质量效果受损,而无法满足使用要求;供网上使用的图片误选了高精度、大尺寸的存储格式,导致上传速度极慢、浪费存储空间;而白平衡模式不对,则会导致色彩失真。

数码照相机功能的设定在拍摄模式、曝光补偿等方面与传统照相机的操作非常类似,但某些方面又大相径庭。如传统负片摄影时,曝光宁过勿欠,但用数码照相机摄影时,却忌讳曝光过度,否则将产生高光层次缺失,导致拍摄失败,甚至连后期也无法弥补。

(3)取景构图和拍摄时要有提前量。用数码照相机拍摄时,取景、构图、曝光、调焦、闪光、补偿、抓拍等技巧与传统照相机类似。只是有些数码照相机的时滞较长,按下快门后照相机并没有马上响应,没有拍下按快门时的场景。因此你要有适当的提前量,以便能够抓取到被摄物的最佳表现瞬间。

(4)及时删除废片。拍摄后及时回放查看所摄影像,看拍摄效果是否满意决定是否存储,对不满意的影像及时删除。这样一方面可以腾出存储空间,保证自己最为满意的作品有存储空间。另一方面,可以及时重拍,避免错失时机。

(5)及时备份所摄影像。由于存储数码影像的存储卡要经常反复使用,拍摄后要及时将存储卡上的影像拷入计算机备份,以免自己心爱的图片丢失或占据空间影响下次的拍摄。一些笔记本电脑上有读 CF 卡的插槽,而台式电脑大部分都没有提供直接读取各类存储卡的插槽,因而往往要自己配个数码照相机存储卡的读卡器来读取存储卡上的数码影像。当然,购买数码照相机时都会免费获得一根配套的数据线,摄影者也可通过相应的数据线将数码照相机上的数码影像下载到电脑上。

3.其他注意事项

(1)带足备件。外出摄影前应检查是否备足电池和存储卡,备用的充电电池是否已电量充足。若使用外接电源拍摄,必须使用厂家配套或推荐的外接电源,以免电压、极性不对损坏照相机。

(2)注意使用环境和防水、防震。乘坐车船时,勿将数码照相机放入行李托运,以防摔震。使用照相机时要注意防止灰尘、风沙、雨水的侵袭。应避开强电场、强磁场。自寒冷环境进入温暖室内时,最好将照相机用衣物或塑料布包裹,待温度升高后再打开使用,以防止水蒸气的凝结。数码照相机表面若有脏污,要及时用柔软的干布轻轻擦拭干净。

(3)存储卡的维护。装卡和取卡是我们使用数码照相机时经常要进行的操作,在装取数码照相机存储卡时要注意以下一些事项:

①必须在关闭数码照相机总电源的情况下才可进行装取数码照相机存储卡的操作。

②摄影创作过程中,如数码照相机存储卡快要存满而需换卡时,为了争取时间,我们往往会迫不及待地去关闭电源。这时你一定要记得等上一幅图片存储完毕后才可关闭电源。电源关闭过早虽然一般不会损坏数码照相机,但可能会破坏正在存储的图像文件,造成不必要的损失。

③装取数码照相机存储卡时要轻取轻放,切忌将数码照相机存储卡跌落到地上。数码照相机存储卡与地面的撞击,轻者可能导致卡上的数据丢失,重者可能损坏存储卡。

④不同的存储卡装取方法各不相同。如 CF 卡有正反面之分,装入时要认准方向,推

入时要推到位;取卡时,要先压释放按钮,然后再拔 CF 卡,拔卡时还要注意往卡槽的正前方抽,不可以歪斜着拔,否则容易折弯数码照相机上电气插脚,导致下次装卡出故障。SD卡和记忆棒装填时,直接按下存储卡至其顶部与卡仓边缘持平后照相机会自动将存储卡卡住;取卡时只要按压存储卡的顶部,存储卡就会自动弹出,拔下即可。

⑤拍好的照片不满意或拍下来的影像已经被拷取后, 要及时删除这些不需要的文件,以便腾出存储卡上有限的存储空间。删除文件可以用两种办法:一是利用数码照相机上的删除功能来删除(可以一张一张地删,也可以一组或全部删除);二是将数码照相机存储卡接入电脑,用电脑来删除。因电脑的显示器大,看得清楚,可避免误删。若条件允许,笔者建议使用后一种方法。

⑥当数码照相机存储卡经过反复使用后,会产生一些"电子碎片"(如同图书馆书架上的图书被翻乱),导致存储性能下降。而格式化就像是重新整理图书(经过整理的书籍就容易找了),使卡里的各储存单元工作有序,恢复性能。因此,我们要定期对数码照相机的存储卡进行格式化。要格式化存储卡也有两种办法:一是利用数码照相机上的格式化功能来格式化数码照相机存储卡 ;二是将存储卡接入电脑,用电脑来格式化数码照相机存储卡。我们建议用数码照相机来完成,原因是:电脑格式化存储卡时使用的目录大小和缺省值会与数码照相机有差异,这样格式化过的存储卡用到个别数码照相机上时会出现错误。

还有一点要注意的是格式化将清理卡上的图片、拍摄信息等其他所有影像文件,而且被格式化后的文件是无法再恢复的,因此,格式化操作前要慎重。

(4)注意节电和电池的维护。数码摄影设备是喂不饱的"电老虎",外出摄影时为节约电能消耗,首先应当尽可能关闭液晶显示器,改用光学取景器进行取景构图。其次尽量少用闪光灯并尽可能用可充电电池。目前主要的充电电池按其内部化学成分来分,有三种:镍–镉电池(Ni–Cd)、镍–氢(Ni–MH) 电池以及锂离子(Li–Ion)电池。根据可充电电池的不同类型, 正确使用和维护数码照相机的动力系统将关系到我们摄影创作的成败。

①这里有一点要注意的是不要过早地提前充好电池。充电电池都有自放电的特性,即电池充满电以后,如果不用,它的电量也会一点一点地失去,这样会使拍摄的续航能力大打折扣。三种电池中锂离子电池保留电量的性能是最好的, 镍–氢电池最差,充好电不到两个月就差不多没电了。自放电主要受温度和湿度的影响。而且要注意的是,自放电有先快后慢的特征, 如镍–氢电池前五天会损失掉 25% 的电量,而后面的 25 天才损失 25% 的电量。所以,如果你要出去摄影创作,不要过早提前充好电池,最好是临出门前的一天才充。

图 2-24 常用的镍-氢可充电电池

②要等电放完后再充电。电池充满电以后,如果不用完就继续充电的话,内部的化学物质会"钝化",也就是使容量下降。三种电池中,镍-镉电池的记忆效应最严重,镍-氢其次,锂离子电池理论上说几乎没有记忆效应。所以,你的照相机电池如是锂离子电池,随时充电问题不大。如果是镍-镉电池或镍-氢电池,那一定要等到电用完以后再充,否则电池的容量很快会减少。但实际上锂离子电池也还是有一定的记忆效应。所以,不论哪种充电电池,最好都是能在用完以后再充。

③充电时间要适宜。充电时间不够,电池的电容量达不到要求,用了一会就没电了;而充电时间过长则会构成对电池的损害。具体的充电时间要按照充电电池说明书上的要求做。表2-4列出了通常情况下的电池充电时间表,可供参考。

表 2-4　各类充电电池充电时间

电池种类	Ni-MH	Ni-Cd	Li-Ion
慢充时间(小时)	4~10	8~16	3~4
快充时间(小时)	1~2	4~8	0.5

如果时间允许,一般来说使用慢充有利于延长电池的寿命。另外,使用中要注意避免电池的正负极短路,如果一旦出现短路,轻者使电池容量下降,重者可能使电池爆炸。

④如果电池长时间不用,最好将电池从照相机取出放置。如果电池一直放在照相机的电池舱内,电量会慢慢消耗,并有可能产生液体渗漏到电池舱中,腐蚀电路。

⑤不要将新旧电池放在一起使用,这样新电池的电量消耗会很快。

(5)慎用高感光度拍摄。多数数码照相机的感光度可以在一定范围之内进行调节。但建议摄影者在无特殊需要时,一般不宜选用过高的感光度档,更应避免在过高的感光度下采用过长快门时间进行拍摄,否则会导致所摄影像噪点大,数码影像质量明显下降。

第四节　扫描仪

扫描仪是除了数码照相机外获取数码影像的又一重要设备。它获取影像的方法和数码照相机有共同点。只不过数码照相机用的感光芯片是较昂贵的感光组件,而扫描仪用的是一条窄的 CCD 感光条。扫描仪利用一条同步移动的镜子把影像反射到感光条上。经感光条和相关电器元件,将影像转化为数码影像。感光条上的感光元件越多,代表分辨率越高。

图 2-25　佳能平板扫描仪

图 2-26　尼康胶片扫描仪

图 2-27　美能达胶片扫描仪

图 2-28　海德堡滚筒扫描仪

一、扫描仪的种类

常见的扫描仪主要有三大类：平板扫描仪、胶片扫描仪、滚筒扫描仪。很多平板扫描仪都可以通过加上附件来扫描胶片，但因结构和灯光的强度较弱等原因，扫描的效果远不及专用的胶片扫描仪。胶片扫描仪和平板扫描仪的原理相似，只是光源和感光条分别安装在两边，中间留下窄缝让胶片通过，感光条和光源都不移动。这样只需移动胶片，转换器就可以把信息逐行输入电脑，影像质量要比平板扫描仪高。下面来详细地介绍一下这三大类扫描仪。

1.平板扫描仪

平板扫描仪主要用于扫描面积较大的平面图稿，具有面积较大的扫描平台，扫描幅面通常为 A4 大小也有 A3 大小的。如国产紫光 Uniscan C700/C720 型，爱普生 Epson Perfection 1270 等。有些平板扫描仪还具有扫描底片、幻灯片、投影片等透射图稿的功能。这类同时兼顾平面图稿和透射图稿的平板扫描仪配有透射适配器，结构上也更复杂些。作为家庭或普通办公用的平板扫描仪，扫描幅度为 A4 规格即完全可以满足一般用途了。平板扫描仪的扫描光学分辨率一般都能达到 600dpi，这一光学分辨率已足以满足通常的扫描需要。而高档办公、商业经营等专业用的平板扫描仪，一般要求光学分辨率达 1200dpi 以上（如 2400dpi），色彩深度最好达 48bit，以便较好地满足对图片的专业扫描要求。

2.胶片扫描仪

胶片扫描仪专用于底片、幻灯片等透射图稿的扫描，采用较高光学分辨率、极灵敏的影像传感器，也称之为底片扫描仪或幻灯片扫描仪。胶片扫描仪获得的影像质量要比普通平板扫描仪高，主要供制作最高品质的数码影像用。目前，有些供专业人士使用的胶片扫描仪，其扫描光学分辨率已达 4000dpi 以上,有的甚至高达 8000dpi,具有很宽的动态范围和色彩深度,影像的色调范围广、层次细节丰富。

在数码照相机还不够普及,特别是数码单反照相机没上市时,胶片扫描仪是专业人士从事数码影像创作的重要器材。但胶片扫描仪不能像平板扫描仪那样同时能扫描照片、印刷品,用途比较单一,价格又比较贵,普通人士基本没有购买的必要。而且近年来受数码单反照相机冲击,胶片扫描的市场正在萎缩。

胶片扫描仪往往还配售一些影像处理软件,如具备自动校正偏色、清除灰尘划痕等功能的软件。

3.滚筒扫描仪

滚筒扫描仪是电分公司或印刷厂等企业专用的数码影像获取设备,性能品质极佳,体积庞大,价格昂贵,一般都要几十万元,尤其采用光电倍增管的滚筒扫描仪价格更高达百万元以上。

用滚筒扫描仪扫描数码影像,要先将图片固定在滚筒外圆周上,扫描仪工作时图片随滚筒旋转,扫描头沿滚筒轴线相平行的直线方向进行匀速精细位移,与扫描头同步运动的感光体光电倍增管逐一采集图稿上的影像信息。滚筒扫描仪有高灵敏度、动态范围宽、影调还原好、层次丰富等优点,但用滚筒扫描仪扫描数码影像操作复杂,工作人员需经专业培训,而且扫描时间长。多幅图稿往往要一起固定在滚筒外圆周上,通过一次扫描来获取数码影像,以提高扫描效率。

二、扫描仪的使用

扫描仪的使用步骤如下:

①用扫描仪配套的电缆线按使用说明书将扫描仪和计算机连接好。

②将扫描仪驱动程序在计算机上安装好。

③将待扫图稿放到扫描仪上,启动扫描程序。根据需要设定扫描分辨率、图像类型、扫描范围、输出尺寸、亮度、反差、色彩等扫描参数。

④进行图稿预扫,观察效果后再调整扫描参数设定,并正式扫描。

⑤存储扫描所获得的数码影像文件。

需要注意的是,扫描仪刚启动时灯光的亮度会比较暗、色彩不稳定,这时如果急于开始扫描,获得的数码影像文件与源图稿会有较大偏差。为确保扫描所得数码影像的质量,使用前应事先开启扫描仪,等待灯管预热、灯光稳定后再开始扫描;要保持扫描光路的清洁,经常检查扫描承载玻璃表面、反光镜上是否有灰尘,如有细微绒毛之类的尘埃要及时清理;此外还要注意扫描仪的防振,扫描仪工作时要放置平稳,搬动扫描仪时要防止剧烈的振动。有锁定机构的扫描仪在搬动时要锁上镜头锁,使用前再解锁。

第五节　打印机

打印机是重要的影像输出设备,当前主要有喷墨打印机、激光打印机和热升华打印机三种类型。普通喷墨打印机价格便宜,适合家庭使用。但此类打印机的墨水、专用喷墨打印纸等耗材较贵,后期的费用支出较高。现在市场上有价格较低廉的代用墨盒出售,还有代用墨水,自己可以用针筒滴灌补墨,省钱但色彩和耐久性没有保证,而且容易发生墨头堵塞。激光打印机价格较贵,

图 2-29　惠普喷墨打印机

但一盒墨粉可以打印几千张甚至上万张,后期费用支出低,适合打印量大的用户使用。而热升华打印机的影像质量较高,耗材支出更高,主要是一些影楼、照相馆用来打印高质量的影像。

打印机主要的性能指标有:打印幅面、打印分辨率、打印速度等。常见打印机的打印幅面为 A4,即最大打印尺寸 210mm×297mm,此外还有 4in×6in、8in×10in、A3、A1、A0 等规格。其中打印 A3 规格以上画幅的打印机,通常称为大幅面打印机。大幅面的打印机可以打印小的尺寸,但小幅面的打印机不可以打印比标称幅面更大的尺寸。通常情况下,A4幅面的打印机就够用了。

打印分辨率是指打印机所输出点数的多少,单位为 dpi 。打印分辨率越高,打印机的精度就越好,因而也有人将打印分辨率称为打印清晰度。喷墨打印机的打印分辨率一般为 1200dpi~2880dpi 。图片级别的要高些,有的甚至高达 5760dpi,如爱普生 Stylus C65 打印机,打印的图像纯净细腻,能准确再现影像,即使是打印最难表现的皮肤,也不容易分辨墨点的痕迹。激光打印机的打印精度一般为 600dpi,有些高品质打印机可达2400dpi。而热升华打印机的打印精度虽然一般只有 300dpi,但其采用的是染料热升华技术,因而能够获得具有极高品质的影像。所以依据分辨率数值来看打印机的打印质量只对同种类型才适用。不同类型、不同技术方法的打印机之间,用分辨率数值去衡量打印精度是不够客观全面的。

打印速度指打印机的打印效率,用每分钟内能打印输出页数的多少表示。需要注意的是说明书上标称的打印速度通常是指连续打印英文的速度,因为打印机预热、送纸都需要时间,实际应用中并没有那么快,而当打印中文稿件时速度还会进一步降低。

下面来详细介绍这三类打印机。

一、喷墨打印机

第一台喷墨打印机诞生于 1984 年。如今,喷墨打印机有气泡式、压电式等多种类型。气泡技术是通过加热喷嘴,使墨水产生气泡,喷到打印介质上,在输出软件的控制之下,通过喷头和打印介质的移动,将极其微小的墨滴喷涂后分布在介质上形成影像。由于墨水是通过气泡喷出的,墨水微粒的方向性与体积大小不好掌握,一定程度上影响了打印质量。压电技术是利用晶体加压时放电的特性,在常温状态下稳定地将墨水喷出。压电技术对墨滴控制能力强,容易实现高精度打印,且微压电喷墨时无需加热,墨水就不会因受热而发生化学变化,降低了对墨水的要求并提高了影像质量的稳定性。

图 2-30　佳能喷墨打印机

墨滴大小是喷墨打印机的重要性能指标,墨滴越小影像就越精细。近年来各打印机厂家纷纷采用超精微墨滴技术,使得喷墨打印的墨点日趋微小。目前,爱普生、惠普、佳能等公司生产的喷墨打印机最小墨滴只有几皮升,代表了市场的主流产品。由于喷墨打印机工作时墨滴要通过打印头的喷嘴,墨水中尘埃杂质经过长时间的使用会慢慢积聚起来堵塞喷嘴。因此,打印机要经常进行喷嘴的冲洗(按打印机软件上的步骤进行)。

早期的彩色喷墨打印机多为四色打印,即墨盒里灌注的是黄色、品红色、青色、黑色四色墨水。现在的彩色喷墨打印机有的采用六色打印,即墨盒里灌注黄色、品红色、青色、黑色、淡品红色、淡青色等六种墨水。不同色的墨盒数多有两个明显的好处,一是色彩逼真,二是不同的图片对各色墨水的消耗会不平均,多墨盒可以做到缺什么、补什么,节省墨色消耗不平衡时带来的浪费。

二、彩色热升华打印机

彩色热升华打印机使用的色带分别涂有青、品红、黄以及黑色塑料染料,利用升华这个从固态到气态又从气态到固态转化的过程将颜料加热升华汽化后,直接转印到打印介质上。

当热升华打印机工作时,打印介质和色带同时通过一个滚子,在打印头下均被加热,利用打印头上被通电的直径小于 $40\mu m$ 的单晶硅发热点阵,将涂在色带上的干性固态油墨熔化。加热过程中,温度大约到华氏 320 度,热力分开染料的聚合物分子,油墨开始升华。当打印头一过,温度下降,染料分子聚合在一起,由气态变为固态,油墨嵌入打印介质上。当一种色彩印过后,打印机自动移开进行下一种颜色。彩色热升华打印机的分辨率取决于加热元件,颜色附着的多少取决于加热元件的温度,通常在一张打印介质上升华色带会产生几百万个颜色的混合体。由于升华后油墨与输出介质表面之间的附着力大大增加,加之干性油墨的抗紫外线强,所以彩色热升华打印的影像比喷墨打印的影像更防晒。热升华打印机打印时每张影像均经过超级涂层碾压技术的处理,影像被密封保护,故此影像更持久,可有效地预防褪色、划伤、水滴、潮气的侵袭。

彩色热升华打印出的影像色彩的表现能力非常强,与其他各种打印输出方法相比,彩色热升华打印所输出之影像效果最好,质量高、色调一致、色彩逼真,完全可与传统彩色照片相媲美,其关键技术也比较成熟。此外,彩色热升华打印机一般有多种输出介质可供灵活选择。数码影像可以输出到打印纸甚至丝绸上,给摄影者提供多种形式的数码影像载体。

用彩色热升华打印机打印一幅照片,一般先后打印需 4 次才完成,依次为黄染料、品红染料、青染料、保护膜层的打印,因而打印速度比较慢。彩色热升华打印机的幅面也较小,一般多为 A6 规格、3.5in×5in、4in×6in、8in×10in,并且由于彩色热升华打印机及其耗材价格较贵,故打印成本较高。

三、激光打印机

第一台激光打印机诞生于 1975 年。由于发展历史长,激光打印机的应用比喷墨打印机更广泛。激光打印机采用的技术与复印机相似,在聚焦精确的激光束作用下,打印机感光鼓的表面生成静电电荷以吸附彩色墨粉,随着感光鼓的转动再将这些彩色墨粉转移到打印纸的表面,经过加热后,将彩色墨粉熔于纸的表面。

图 2-31　惠普激光打印机

激光打印机的技术和结构要远比喷墨打印机复杂,因此,彩色激光打印机价格要远高于普通喷墨打印机。彩色激光打印机虽进入市场较早,但其打印效果直至最近几年才有了质的提高。在技术参数方面,由于激光打印机面对的主要是企业用户,所以其打印速度指标是最重要的,这也是在企业用户中激光打印机占有率明显高于喷墨打印机的一个重要原因。目前彩色激光打印的影像色彩鲜艳、连续、色彩表现力较好、对纸张没有过高的要求,尤其是打印的耗材成本低,适合大批量打印,如书稿等的印刷校样。

第六节　数码彩色扩印机

尽管数码照相机拍摄的影像可以在电脑屏幕、投影仪、电视机等多种媒体上观看和欣赏,但还是有不少人习惯了将拍好的影像印成照片来欣赏。因此,数码照相机的普及导致了数码彩色扩印机的诞生。

但数码彩扩机，尤其是激光数码彩扩机的设备投资大，需要使用传统相纸的药水冲洗，若经营运作不能达到一定规模，生产成本会非常高。因此，只有经济比较发达的大中型城市才有数码彩扩店，随着数码相机的普及彩扩业正在萎缩。

数码彩扩机仍沿用了传统的银盐相纸及其冲洗技术，输出效果佳，因而最容易被广大群众接受，如果能大批量商业化生产，尽管设备成本高，但其单张照片的成本与传统照片相差无几。

数码彩扩机的应用同时也大大提高了影像处理和加工的效率。在传统摄影年代，要调整一张照片的色彩要通过调节滤色片，是很复杂和麻烦的事，而要调整照片的饱和度或反差更是不可能的事。现在有了数码彩扩机，只要事先用数码处理软件调节，然后扩印就可以实现。数码彩扩机还可以对原始影像进行几乎随心所欲的后期加工处理，以获得更为尽善尽美的照片。又如过去要将反转片印成照片，工艺繁琐复杂，质量效果差。现在，只要将反转片进行扫描后输入数码彩扩机进行扩印便可以变为照片，不仅方便快捷，且其制作成本也远低于传统制作方法。

彩扩机包含电脑及传统走纸、冲洗机械设备，还配备底片扫描仪，甚至彩色色度仪等，是集光、机、电于一体的精密设备。其配置的相关软件具有简单的图片处理功能。CF 卡、SD 卡、光盘、优盘等媒体上的数码文件以及彩色负片、反转片、黑白底片一般都可读取，并印成照片。

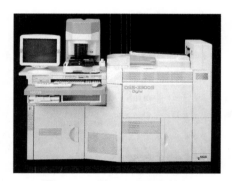

图 2-32　诺日士激光彩扩机

扩印速度、扩印输出精度、扩印规格、容纳的纸箱数量、传统底片的兼容性等反映了数码彩扩机的主要性能。速度和精度越高，扩印规格和纸箱数越多，数码彩扩机的档次也就越高。目前，CRT彩扩机、液晶彩扩机、微光阀彩扩机、激光彩扩机是市场上主要的数码彩扩机类型。这四种类型的数码彩扩机中，激光彩扩机和微光阀彩扩机的影像质量最佳、扩印速度最快，设备也最昂贵。富士Frontier 570E、诺日士 QSS-3300S 等是主流机型。

一、CRT 数码彩扩机

工作原理：这种彩扩机将图像的数码信息用阴极射线管显示出来，然后照射在普通彩色相纸上让相纸曝光，再利用传统的相纸冲洗工艺将照片冲印出来。这是最早出现的数码彩扩机的一种

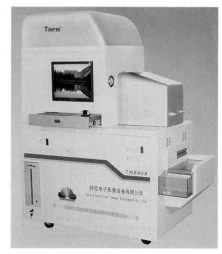

图 2-33　特霓 LCD 彩扩机

曝光方式。

机器特点:结构简单、制造成本低。但由于阴极射线管的显示精度普遍不高,因此,照片的像素数量不够是 CRT 曝光方式的最大缺陷,加工稍大一点的照片清晰度就会不够。由于受到屏幕亮度的限制,这类机型的彩扩机加工照片的清晰度就会不够。由于受到屏幕亮度的限制,这类机型的彩扩机加工照片的速度也很慢。此外,在反差、色彩还原等方面均较差。

该机型是一种初级产品,这类彩扩机在六、七年前的市场价格卖到近 10 万元左右。由于缺点多,现已被市场淘汰。

二、液晶数码彩扩机

工作原理:液晶数码彩扩机与我们所用的数码投影仪相似, 将图像的数码信息利用彩色液晶屏生成负像, 并用光源透射照明液晶屏上的负像, 使光源穿透该负像经彩扩镜头聚集到相纸上, 使相纸曝光, 相纸经冲洗加工最终形成照片。

机器特点: 液晶数码彩扩机又细分为 LCD 彩扩机、LED 彩扩机、LDD 彩扩机等。不同的类型稍有差异, 但不论哪一种液晶数码彩扩机的分辨率都要比 CRT 要高,能满足普通摄影爱好者扩印普通尺寸照片

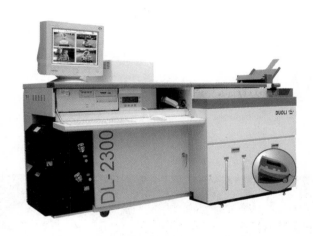

图 2-34 上海多丽 LED 彩扩机

的需求。对扩印大幅面、高精度的相片来说还是低了一些,是中档产品。现在,彩扩机的液晶已经不用普通的 LCD,普通被 LED、LDD、LCOS 等器件所取代。LCOS 器件的背透光利用率高,且色域范围比 LCD 更接近相纸的色域范围,使加工出来的照片过渡色有明显的改善和提高。可以准确控制相纸的曝光;LED 曝光组件的使用寿命可长达 5 万个小时,比LCD 的光源更为稳定。总之,液晶彩扩机还在不断地完善和发展中,该类彩扩机的扩印质量不断在提高,制造成本比激光数码彩扩机更低廉。液晶数码彩扩机的市场价格在 10~50万元人民币之间。

代表机型:上海多丽 DL-2300、索菲亚SPI990、特霓 TN8908 等多个品牌。这类彩扩机主要由我国的一些厂家生产。

三、微光阀数码彩扩机

工作原理:彩扩机采用卤素灯做光源,把电脑中的数码影像转换为灯光,灯光经红、绿、蓝滤色片后,通过光导体纤维传递到叫"微光阀阵列"的曝光装置上,微光阀阵列扫描

相纸,使相纸曝光,最终形成所需的影像。机器特点:微光阀数码彩扩机主要具有以下两大特点,①光束的精确度高,印制的照片清晰;②通过扫描方式曝光,输出的照片尺寸大。这类彩扩机主要由图外的一些厂家生产,因此彩扩机的价格比较高,高档的套机要200多万元。

代表机型:诺日士 QSS-2901 数码彩扩机。

四、激光数码彩扩机

工作原理:激光数码彩扩机把数码影像信息用红、绿、蓝颜色的激光光束,通过扫描方式设射到彩色相纸上,使相纸曝光,再通过显影、定影等传统冲洗过程来获得纸质相片。

机器特点:激光数码彩扩机主要具有以下几大特点:①激光光束的聚集精确度高,为印制高分辨率的照片提供了条件;②通过扫描方式曝光,扫描区域可以扩展,成像幅面大;③激光光束的亮度高,曝光时间比较短,激光彩扩的扩印速度比较高。因此,这种方式曝光,不仅效率高,而且能加工出高清晰度、高锐度、色彩艳丽的照片。目前市场上高档的数码彩扩机都采用激光这种方式曝光。

代表机型:富士 Frontier 350 激光彩扩机。

图 2-35　影棚静物摄影,光圈 f/1.8 速度 1/400 秒,手动曝光,蔡司 50mm F1.8 镜头 佳能 5D 照相机。

图 2-36 利用雨后初晴出现彩虹的时机拍摄,荒凉的岛屿顿显生机。摄于美国夏威夷大岛,佳能 ES060D 数码照相机,原厂 18~55mm 镜头,光圈 f/11,快门速度 1/25 秒。

图 2-37 摄于美国夏威夷大岛,佳能 EOS60D 数码照相机,原厂 100~300mm 镜头,光圈 f/8,快门速度 1/250 秒。为防止抖动,感光度设定在 iso800。

第三章 ▶

数码摄影基本概念

第一节 像素、分辨率和图像质量

一、像素数

像素数是衡量数码照相机质量的关键技术数据。总像素数指的是一个画面上像素的总数目,大家都知道像素数越高画面记录的信息就越多,解像分辨率就越好。分辨率指的是每英寸包含的点数,单位是 dpi,这个"点"在实际意义上可以和像素等同,所以 dpi 就等于每英寸长度内所含的像素数。虽然数码照相机的像素数决定了图像的分辨率,但像素数并不是决定数码照相机成像质量的唯一指标。CCD 或 CMOS 的外形尺寸和制造质量都和成像质量紧密相关。第二章讲过选购数码照相机时不要只顾像素数这一个方面,而要考虑照相机的综合素质。

二、分辨率

数码图像都要经过摄取、存储、显示或打印等程序,而每个步骤的载体都不一样,所以分辨率就分扫描分辨率、显示分辨率和打印分辨率等。分辨率对于数码摄影初学者来说是非常重要也相当头痛的问题,因为它与图像质量和尺寸大小都紧密相关,所以读者朋友一定要将以下这些概念熟练掌握。

(1) 分辨率在 40 spi 时的效果　　(2) 分辨率在 75 spi 时的效果　　(3) 分辨率在 150 spi 时的效果

（4）　扫描分辨率在 300 spi 时的效果

图 3-1　照片在不同扫描分辨率时的效果比较

1.扫描分辨率

扫描分辨率是扫描仪将图片数码化时精度的标志，一般用每英寸取样数(samplings per inch,简称 spi)来表示。spi 数值越高,精度就越高,所扫描的图片解像力就越高。取样数上限取决于扫描仪的光学解像力,如一台 600×1200 dpi 的扫描仪(扫描仪的解像力习惯上用"最高解像力×2 倍最高解像力"的格式表示)最高只能有 600 spi 的解像力率。

2.显示分辨率

显示分辨率是显示器显示图像的解像力标志，它一般用每英寸像素数 (pixels per inch,简称 ppi)来表示,标号的高低是由显示器的种类和操作系统里用户所选的显示参数共同决定的。

显示器的种类首先决定了屏幕可显示的总像素。显示器经过 10 多年的演变,已从仅能用 700(横)×350(竖)个像素显示黑白图像的 MDA 标准发展到了能以"全彩"1600 万多种颜色显示 1600×1200 像素的 SVGA 标准。显示器和点阵图一样,是通过很多的色点排成的矩阵来显示图像的(实际上"光栅图"这个词就源于显示器的"光格子"),色点越多,其显示分辨率就越高，不过因为 XGA 标准以上的显示器可以选择比最高解像率更低的显示参数,所以一个显示器的显示分辨率并不是固定的。比如一台 19 英寸的显示器,若用户在操作系统下选择了 1600×1200 像素的屏幕区域,则其显示分辨率为:1600(长边像素值)÷15.2(19in 是显示器的对角线长度,实际屏宽只有 15.2in)=105ppi。要是用户选用了 800×600 的显示精度,那么其显示分辨率就只有 52.5ppi 了(同理 800÷15.2 所得)。

从上面的计算我们可以看出,显示器的色点宽度决定了它的最高显示分辨率,显示器制造精度越高,显示器的最高可能解像力就越高,但如果用户在操作系统下选择了较小的屏幕区域尺寸,这就会使得显示器用一个以上的色点来表示一个像素。这样,单位面积里能容纳的信息量就减少了,实际显示分辨率也就因此而降低了。理解这一点非常重要,因为就同样一个数码图像,根据所选的屏幕区域大小不同在显示器上显示出的大小就不一样,虽然图像本身没有起任何变化。下面的例图就说明,屏幕区域的值设定得越小,图像在屏幕上的面积就越大。

(1) 原照　　　　　　(2) 显示器设定在 1600　　　　(3) 显示器设定在 800
　　　　　　　　　　　　　x1200 像素时　　　　　　　　x600 像素时

图 3-2　显示器设定不同像素值的照片清晰度对比

3.图像分辨率(内在分辨率)

数码图像生成途径不同,其内在分辨率也不尽相同,如通过静态数码照相机拍摄、数码摄像机抓幅和不同扫描仪扫描而成图像的内在分辨率都不一样。内在分辨率和显示分辨率一样,用每英寸像素数 ppi 表示。数码照相机和摄像机生成的图像一般都是固定的 72ppi(苹果机显示器的标准分辨率),而扫描仪扫出的图片则由扫描仪上设定的扫描分辨率转变而成,若扫描仪上设定的扫描分辨率是 300spi,则图像存盘后内在分辨率就变成了 300ppi。

4.打印分辨率

打印分辨率是打印输出图片的解像力标志,用每英寸点数(dots per inch,简称 dpi)来表示。显而易见,每英寸能容纳的点越多,点就更细小,解像力就越高。打印分辨率因此首先受输出设备的最高可能分辨率的限制,任何图片,打印出的分辨率都不可能高于打印机的最高分辨率。但是若用高分辨率的打印机打印较低分辨率的图像,打印机这时也和上面讲过的高分辨率显示器置于小屏幕区域一样,是用几个点来代表一个像素。至于一个图像需要多少 dpi 的分辨率才行,这得看最终所需的打印质量。

为了能更好地理解图片质量,这里还要先讲讲传统半调网点印刷的质量要求。在半调印刷技术中,连续调的照片要通过加丝网拍摄制版才能变成半调印版,而图像的质量则取决于丝网密度的高低。丝网的网目越多,形成的半调点就越细,解像力就越高,反之解像力就越低。丝网的密度是用每英寸网格线数(lines per inch,简称 lpi)来表示的。一般低档报纸的新闻图片只要 85lpi 左右,而高档杂志或艺术图片则要高达 175lpi。但网线数太高又会使网点间的距离太小从而导致图片模糊,因此一般网点数在 50~230 线之间。

因为从方块的像素转变成呈 45 度斜线分布的圆形半调网点需要一定的补偿,所以习惯上当最终印刷效果在 133lpi 以下时,则图像要有网线数 1.5 倍的像素。而印刷网线在 133lpi 以上时,则要有网线数两倍的像素。举个例子说,若一幅照片要是用 100lpi 的网线数印刷,其打印分辨率只需要 150dpi(100×1.5);而要是用 150lpi 的网线数印刷,则它的打印分辨率就要 300dpi(150×2)。这个计算方法虽然主要用于常规半调网点印刷,但也适用于高精度的激光打印。至于一般用途的喷墨打印,因为采用了随机网点或称调频网点技术,打印质量大有提高,而一般图片的打印分辨率有 200dpi 就相当好了。

5.各种分辨率间的关系

对数码摄影稍有了解的读者可能会问,一般都只听说过分辨率是 dpi 而没有听说过 spi、ppi 的。其实,在概念上扫描分辨率应为 spi,显示分辨率和内在分辨率是 ppi,而打印分辨率是 dpi,这些名词的区分有助于概念的明确。但在实际操作过程中,一旦扫描的照片存盘后,扫描分辨率便成了内在分辨率,而在打印时,内在分辨率又变成了打印分辨率,加上像素、显示器色点和打印机打印点都很小,所以大家就简化了事,统称 dpi。目前就是扫描仪制造商也顺应潮流,将扫描仪的分辨率叫做 dpi。虽然名称简化为一个 dpi,但分辨率还是一个非常容易搞错的概念。特别难以理解的是,一张照片扫描后显示在屏幕上要比原照大好多,但若将其缩小,打印出来又比原照小了好多,或者图像质量根本就不行。下面我们就用一则实例帮助大家理解各种分辨率之间的关系。

例:有一张 5×3in 的照片,用 300dpi 的扫描分辨率获取。要是将其显示在一个屏幕区域为 1024×768 像素的 17in 的显示器上,再分别用杂志质量和报纸质量打印,那么扫描成的图像的像素总数是多少? 显示器上显示和打印机上打印出的图片尺寸各是多少?

上例中扫描后图像的总像素数是 5×3(in)×300(dpi)= 1500×900 像素。根据前面显示分辨率的计算我们知道 17in 的屏幕的实际宽度只有 13.6in,在 1024×768 屏宽时显示器的显示分辨率为 75ppi (1024÷13.6=75)。那么这张照片在显示器上的面积就是 20×12in(1500÷75=20;900÷75=12),屏幕显示不下整个画面。虽然图像在显示器上放大了四倍(读者可能已经明白,图像在屏幕上的放大倍率实际上就是图像内在分辨率和显示器显示分辨率的比),但要是以图像内在分辨率打印的话,那么打印件大小还是和原照一样大,因为扫描分辨率变成了内在分辨率,而内在分辨率又变成了打印分辨率。但要用杂志质量(175lpi,350dpi)打印的话,打印件的尺寸就要缩小了。缩小的比例就是扫描分辨率/内在分辨率(300dpi)和所需打印分辨率(350dpi)的比,所以这时的打印件尺寸是 4.3×2.6in。若

（1） 300dpi 扫描后屏幕显示，
尺寸为 20x12in

（2） 原照,尺寸为 5x3in

（3） 以扫描分辨率 300dpi
打印,尺寸为 5x3in

（4） 杂志图片质量 175lpi(350dpi)
印刷,尺寸为 4.3x2.6in

（5） 以报纸质量 80lpi
（120dpi）印刷,印件尺寸为
12.5x7.5in

图 3-3　图像在不同分辨率和不同媒介上打印或显示时的大小关系

用报纸图片质量打印，则打印件的尺寸就要放大。和缩小时一样，放大倍率就是扫描分辨率/内在分辨率（300dpi）和所需打印分辨率（120dpi）的比，这时，打印件就成了 12.5×7.5in。

当然，上面的例子只是为了说明各分辨率之间的关系而用了 300dpi 的扫描分辨率。一般来说，知道最终输出结果的网点数就可直接算出所需的扫描分辨率，这样，扫描分辨率、内在分辨率和打印分辨率就等值，就不用什么计算了。打印出来的图片也和原件同样大小，唯一不同的是图片在显示器上要被放大或缩小，而缩放比就是扫描分辨率和显示器显示分辨率的比。

我们的经验是，在计算时要抛开各个分辨率，而抓住像素总数不放。因为不管各种分辨率如何，万变不离其宗，进入计算机后图像质量的好坏最终取决于总像素数。

第二节 点阵图和矢量图

一、点阵图

点阵图是以小点为单位，记录图像包含的信息。存储点阵图时计算机要记录每个点的数据，而每个图像包括的点又特别多，所以点阵图的文件尺寸就很大。因为每个图像生成时点的数目是固定的，要对图像放大、缩小时就要改变点的数目，图像的细节因此就会有所损失。

二、矢量图

矢量图是以语句命令来描述图像包含的信息。整个图像是以语句命令来描述的。如一个点阵图里要用三千个点组成的圆圈，矢量图却只要用寥寥几句命令就可以完成。这样，文件尺寸就比较小。另外，图形的缩放也仅是改变几个语句而已。

图 3-4　点阵图局部放大后有锯齿状马赛克　　图 3-5　矢量图局部放大后细节光滑

三、点阵图和矢量图的区别

点阵图和矢量图的第一个区别是文件大小不同，相同尺寸的文件通常要比矢量图大。第二个区别是矢量图可以随意缩放，既不改变文件大小,也不影响影像质量。而点阵图局部放大后会出现锯齿状马赛克。

虽然矢量图在文件尺寸和分辨率上有很大优势,但在再现物体表面的细节和颜色的真实性方面却是让点阵图略胜一筹,基于这个特性,数码摄影所涉及的主要是点阵图。

 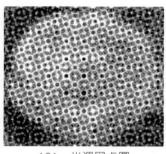 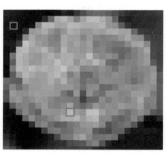

（1）被摄体　　　　　　（2）半调网点图　　　　　（3）点阵图

图 3-6　放大了的半调网点与点阵图的比较

四、点阵图和网点印刷

前面讲过点阵图和传统半调网点印刷相似,两种技术都是用小点来组成图像,不同的是半调网点的小点一般都是圆形的,圆点的大小和相互之间的距离是按画面亮度的变化而变化的,而点阵图的小点实际上是小方块,相互紧挨着没有空隙。另外一个不同是半调网点印刷分成青、品红、黄、黑四个色板,画面色彩是通过各色板的点的密度来控制的(外律),而点阵图的色彩是通过每个点的红、绿、蓝的亮度的不同组合来调节的(内律)。领会这两个概念对后面的色深和分辨率的理解都有帮助。

在半调网点中,各色板的颜色是恒定的油墨的颜色,物体的亮度靠四个色板的点的密度控制,亮度越大的地方点越小、越稀疏;亮度越低的地方点越大、越密集。而在点阵图里,每个小方块是一个像素,它的颜色是由不同配比的红、绿、蓝三色光组成的。每种色光都以 0 为最暗,255 为最亮(看本章"位数"一节就知道为什么是这两数值)。当三色数值都是 0 时,像素就呈黑色,三色都是 255 时,就是白色。三色数值一致(除上述 0 和 255 外)时,就呈不同密度的灰色,数值越高,灰色越浅,反之就越深。比如,在放大了的点阵图中,左上方红框里像素的三色比是红 12、绿 19、蓝 22(因为三色都接近零了,所以此像素近黑色),而右下方红框里的像素,三色比是红 236、绿 225、蓝 218,因为三色相当接近最高值,所以近似白色。图片的文件格式是计算机记录和解码图片的方法,它同时又是色深、色彩模式和压缩方法的具体结合体。最常见的图片格式有:原始格式 Raw(扩展名为.raw 或其他厂家自定的字母组成)、Photoshop(扩展名为.psd)、TIFF(扩展名为.tif)、JPEG(扩展名为.jpg)和 GIF(扩展名为.gif)等。

第三节　图像文件的格式

图片的文件格式是计算机记录和解码图片的方法,它同时又是色深、色彩模式和压缩方法的具体结合体。最常见的图片格式有:原始格式 Raw(扩展名为.raw 或其他厂家自定的字母组成)、Photoshop（扩展名为.psd）、TIFF（扩展名为.tif）、JPEG（扩展名为.jpg)和 GIF(扩展名为.gif)等。

一、RAW 格式

RAW 是数码照相机原始数据的一种文件格式,它是没有经过色彩饱和度、锐度、对比度处理或白平衡调节的原始文件，并且没有经过压缩。RAW 格式的图像文件保留了 CCD 捕获图像最高质量的信息,它的色彩和层次的宽容度相当广阔。 RAW 最大的好处是保存了最原始的拍摄数据，把更多的自由放在用户手里, 为后期的制作提供了最大的余地。与 TIFF 格式的文件相比,RAW 格式的文件尺寸小；与 JPEG 格式的文件相比,RAW 格式的文件大些。

目前,一些早期出品的软件不支持 RAW 格式文件,事后要用专门的软件才可以转换成其他格式。用 RAW 格式拍照并非就是万能保险,拍摄时仍然要尽可能地将感光度、曝光、色温等设定正确,以便后期的处理。如果拍摄前你对白平衡、曝光量、色调等都十分有把握,那可以直接选择 JPEG 格式拍摄,虽然它会对后期制作有些限制——就像拍摄反转片,但这并不意味着反转片不如负片,或者 JPEG 格式不如 RAW 格式。使用 JEPG 格式拍摄,可以降低文件尺寸,提高存储速度,更有利于瞬间抓拍。因为拍摄时正确设置了曝光和白平衡,在用计算机进行后期处理时可以让工作变得更简单,有时甚至不必进行后期的处理就能得到最终理想的图片。所以,决定使用何种格式拍摄,取决于你对拍摄技术的把握程度和拍摄需求。

二、PSD 格式

PSD 格式是 Photoshop 格式的简称,是用于高档图片和印前处理的格式。它可以包容矢量图和点阵图两种信息,支持多种色深度并保存所有的图层、路径、蒙版、透明部位和 Alpha 频道。PSD 格式对图像质量的保留来说是最好的格式,但很多文字处理和网络编辑软件都不能打开这个格式。另外,它只能用 RLE 不失真压缩方法,所以压缩比很低,文件尺寸大,不适合在网上传输。

三、TIFF 格式

TIFF 格式支持 48 位色深,也能保存路径、透明部位。它的压缩方法既可以选用不失

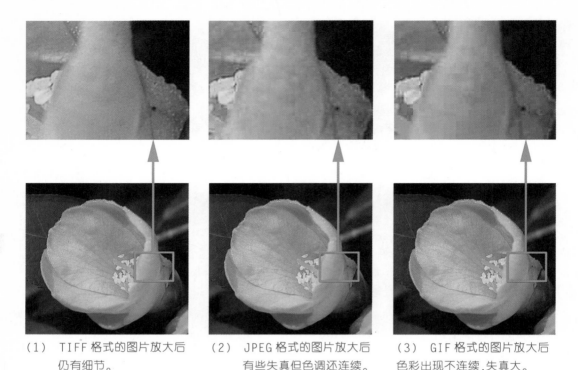

（1） TIFF 格式的图片放大后　　（2） JPEG 格式的图片放大后　　（3） GIF 格式的图片放大后
仍有细节。　　　　　　　　有些失真但色调还连续。　　　　色彩出现不连续，失真大。

图 3-7　不同格式图片放大后的比较

真的 RLE、LZW 方法，也可以选用 JPEG 这样的失真方法。使用 TIFF 的好处是得到多数
排版和图片处理软件的支持。PSD 和 TIFF 都支持 RGB、CMYK 和 LAB 色彩模式。

四、JPEG 格式

　　JPEG 严格地说是一种压缩方法，而我们现在称之为 JPEG 的文件格式应该叫作 JFIF
（File Interchange Format），但因为习惯上被称作 JPEG 久了，现在要正名已经不可能了。
JPEG 格式原来是专门为网络设计的图片格式，它支持 24 位的色深，用高压缩比的 JPEG
方法压缩，所以可以将文件尺寸缩得很小，有相当大的控制权，正因为如此才得以在网上
广泛流行。

五、GIF 格式

　　GIF 格式是 JPEG 开发之前网上流行的图片格式。它特别适合对图片精度要求不是
很高的网络，因为 GIF 只支持索引色模式和 8 位色深，文件尺寸小，上传下载速度快。除
了色深和色彩模式外，JPEG 和 GIF 的另一些不同点是 JPEG 适用于色调平顺、连续的自
然照片图像，而 GIF 则相反，它适合于图标等对比度大、色区分明的图片。

图 3-8　原照片用传统胶卷拍摄,扫描后对小孩身后杂物进行了修补,画面变得更干净。摄于浙江武义,佳能传统单反照相机,35~70mm 原厂镜头,光圈 f/8,快门速度 1/125秒,加偏振镜。

第四节　色彩的模式

　　色彩模式是计算机或其他生成图像的系统合成颜色的不同办法。最常见和通用的色彩模式有 RGB、CMYK、LAB、灰度和索引颜色等。因为它们成色的方法不同,所以就有不同的通道、文件尺寸。

一、RGB 模式

　　RGB 模式是色光的色彩模式。R 代表红色,G 代表绿色,B 代表蓝色,三种色彩叠加形成了其他的色彩。因为三种颜色都有 256 个亮度水平级, 所以三种色彩叠加就形成1670 万种颜色了,也就是真彩色,通过它们足以再现绚丽的世界。RGB 模式里的原色一般都是色光,所以仅用于在计算机屏幕或投影仪上显示图像。当三原色都是百分之百的强度时,合成色就呈白色,三原色都为零时就呈黑色。因为三色越多就越接近白色,所以

RGB被称为加色成像法。

二、CMYK模式

与RGB相反的是CMYK模式,这种色彩模式常用于印刷或其他用颜料成色的场合。当阳光照射到一个物体上时,这个物体将吸收一部分光线,并将剩下的光线进行反射,反射的光线就是我们所看见的物体颜色。这是一种减色色彩模式,不但我们看物体的颜色时用到了这种减色模式,而且在纸上印刷时应用的也是这种减色模式。CMYK代表印刷上用的四种颜色,C代表青色,M代表品红色,Y代表黄色,K代表黑色。因为在实际应用中由于颜料的纯度有限,青、品、黄三原色混合相加得到的不是纯净的黑色,而是暗棕黑色,所以就再加一个黑原色以使深色调更真实。黑色的作用是强化暗调,加深暗部色彩。

CMYK模式是最佳的打印模式,RGB模式尽管色彩多,但不能完全打印出来。用CMYK模式编辑虽然能够避免色彩的损失,但运算速度很慢。主要因为在RGB和CMYK两种色彩模式里,一个原色就是一个通道。对于同样的图像,RGB模式只需要处理三个通道即可,而CMYK模式则需要处理四个通道。另外,即使在CMYK模式下工作,图像处理软件也必须将CMYK模式转变为显示器所使用的RGB模式。由于用户所使用的扫描仪和显示器都是RGB设备,所以无论什么时候使用CMYK模式工作都有把RGB模式转换为CMYK模式这样一个过程。在实际数码制作运用中,都是先用RGB模式进行处理,只有到最后进行打印工作前才进行转换,然后加入必要的色彩校正、锐化和修整。

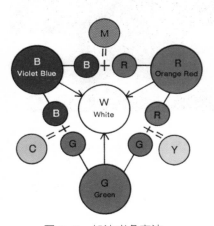

图3-9　加法成色方法

三、LAB模式

LAB模式是由国际照明协会于1976年制定的一种色彩系统。整个模式由辉度通道、A通道和B通道组成。A通道是由暗绿色(低亮度)到灰色(中亮度)再到艳品红色(高亮度)的渐变色组成;B通道则由淡蓝色(低亮度)到灰色(中亮度)再到艳黄色(高亮度)的渐变色组成。这实际上相当于是两个RGB模式再加一个辉度通道,所以LAB模式能合成的色彩要比RGB和CMYK两种模式都要多。

色彩模式产生不同颜色的能力叫作色域。RGB模式的色域总体上要比CMYK来得大些,但也有些CMYK模式上产生的颜色是RGB模式里面没有的,所以它们俩可谓各有千秋,而LAB模式在理论上包

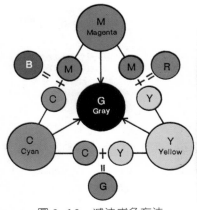

图3-10　减法成色方法

括了肉眼能看到的所有颜色,色域是三者中最大的。一般情况下 CMYK 模式(因为有四个通道)文件尺寸为最大,RGB 次之,LAB 模式最小。综合以上两点,LAB 模式是最理想的色彩模式了,因此在好多图像处理软件里都将 LAB 模式当作内在色彩转换的标准模式。

四、灰度模式

灰度模式实际上相当于只有辉度通道的 LAB 模式,它只有一个通道,是黑白图像,文件尺寸也要比 RGB、LAB 等模式要小近三分之二。

第五节　位数和色彩深度

一、位　数

位数是度量数码信息量的单位。电脑处理图像信息时,采用的方法是二进制运算。每一个二进制的位数称一位,用 bit 表示。若一个通道的色彩变化或区分范围用二进位制的 n 位来代表,则可表示为 2 的 n 次幂 2^n。位数越高,图像的数码信息量就越大,色彩的区分度就越大,色彩还原就越逼真。

二、色彩深度

因为点阵图的每个像素的色彩是通过红、绿、蓝三个单色的不同组合形成的,每个单色的亮度变化就导致像素最终颜色的变化。因此,每个像素的色彩变化范围是由每个单色的亮度可变范围决定的。要是每个单色只有黑和白两种变化(称为一位色深或位深),

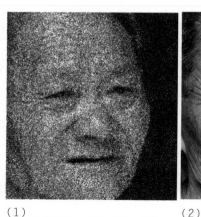

(1)　图像的位数是 1,图像包含的信息只有 2^1 即 2 级色阶,整张图片由黑和白两种"元素"组成。

(2)　图像位数是 8,图像包含的信息有 2^8 即 256 级色阶,整张图片由从黑到白的 256 种灰阶层次组成,图像的影调就更丰富细腻。

(1)　　　　　　　(2)

图 3-11　图像在不同位数时的效果比较

那么红、绿、蓝的组合就有 8 种可能(2×2×2 = 8)。要是每个单色有二位色深,即四种亮度变化(在黑和白之间另有两级灰阶 64 和 128 亮度值),那么这个像素的色彩就有 64 种可能(4×4×4 = 64)。不过一般一个像素的色深都是以三个单色色深的和来表示的,所以所谓的"真实色"或"全彩色",就是 24 位的,即每个单色有 8 位色深、有 256 级亮度变化(这也就是一般每单色都以 0~255 数字表示亮度值的原因)。这样,红、绿、蓝三个频道的综合可变性就成了 16777216 了(256×256×256 = 16777216)。

色深不但决定图片能显示的颜色,它还是图片文件尺寸的决定因素之一。图片的文件尺寸是长、宽像素的积乘以色深得出的。同样一个 1000×1000 像素的图片,在一位色深不压缩时是 100 万个比特,即 125000 字节(8 个比特为 1 个字节),而色深是 8 位时,文件尺寸就成了 800 万个比特,即 100 万个字节了。所以同等条件下,色深越大,文件的尺寸就越大。

第六节　色彩管理

很多读者可能都碰到过这个现象:一张照片,在屏幕上看看效果很好,可是打印出来就面目全非了,纸张上的色彩不仅偏差大,而且完全没有了屏幕上那艳丽明快的色彩。这里面有两个问题,一个是上面提及的色彩模式的色宽问题,因为屏幕显示和打印图片的色彩模式不一样,前者用的是 RGB 模式,后者用的是 CMYK 模式,两个模式的色宽(color gamma,或称色域)不一样,某个能在一个模式显现的颜色在另一个模式里可能就没有。第二个问题是色彩从一个仪器过渡到另一个仪器的恒常性问题。比如从屏幕到喷墨打印机,同样是 RGB 模式,但屏幕上和纸张上的颜色也可能截然不同。那么这些问题怎么解决呢,这就需要运用色彩管理了。

色彩管理系统首先对每台仪器的色彩解释方法进行描述,如显示器就要通过校验程序将其荧光粉的亮度、色温和偏色程度记录下来,形成一个描述档案,然后当把在这个屏幕显示条件下调节好的图片数据输送到另外一个同样有描述档案的仪器上时,计算机就可以通过两台仪器的描述档案在偏色程度、色宽和其他特征上的不同而对图片作相应的调整。这样就能基本保证图片从一个色彩模式到另一个色彩模式、从一台仪器(如扫描仪)到另一台仪器(如显示屏或打印机)的转换过程中不至于失真太大。原来各台仪器的校验和档案描述都是要用专门厂家的软件和硬件进行的,但自从国际色彩联合会(International Color Consortium,简称 ICC)于 1993 年成立并设立标准后,大家都采用 ICC 描述档案。因为 ICC 描述档案采用 LAB 色彩模式,而这个模式的色宽比 RGB、CMYK 等任何模式的都要大,所以,只要各个环节都做好色彩管理(最基本的步骤是添加仪器的 ICC 描述档案),色彩的真实还原就有一定的保障了。

色彩管理是个非常复杂的技术性很高的问题,由于篇幅所限,这里只能讲一点基本原理以及显示器的校准和 Photoshop 色彩管理的设置。

显示器是我们进行数码影像处理时人机对话的窗口,校准显示器是色彩管理的第一步。它旨在建立一个 ICC 描述档案,让后面步骤的仪器对所接收到的影像效果有一个基准点。虽然所有的显示器都在某个 RGB 色彩空间下工作,但由于制作材料以及机械、电子结构上的不同,它们的显色特性会有差异。此外,开机时间的长短,使用的年限等因素都会影响显示器的显色性能。所以要想保证显示器的显示特性准确稳定,应经常校准显示器。校准要在开机半个小时以后再进行,让显示器开机后从预热到稳定状态,同时还要注意显示器的工作环境:

①室内的照明光线应保持稳定。照明光线的色彩尽可能接近自然日光,最好使用色温为 5000K 的专用灯管。

②去掉墙壁上浓烈的大色块装饰品以及铺在电脑桌面上的那些艳丽纯色的桌布。因为它们会干扰我们眼睛对颜色的判断力。

③装上窗帘以减少来自户外或墙壁的反光,并防止室外日照的变化而影响室内亮度的变化。

④室内的灯光亮度要适宜,不要让灯光的亮度超过屏幕的亮度。否则会影响我们对数码影像的判断。

⑤在显示器的上部边缘用黑色纸板制作一个遮光框罩,该遮光框罩的上部应超出显示器 200mm 左右。将这个遮光框罩戴在显示器上,以防止照明光线直射显示器表面,并消除显示器表面的眩光。

1.显示器的硬件校准

借助硬件来校准显示器的方法,自然是最精确和有效的,只是这种硬件校准设备往往都比较贵。这种硬件设备的核心是一个高精度的色度计。显示器的硬件校准是通过一个吸附设备将色度计吸附在显示器的屏幕上,来测量由荧光屏发射出红、绿、蓝三色的光线,随校准设备附带的软件将根据测量数值的变动来建立一个针对这台显示器特性的描述档案,从而达到校准显示器的目的。

使用色度计校准显示器比通过软件校准花费更多而且操作复杂。但近几年来色度计的价格已大幅度下跌,同时其附带软件也变得越来越容易使用。因此,对于一些高要求的数码影像处理,配置显示器校准硬件还是必要的。

2.显示器的软件校准

显示器的软件校准方法简单、有效、省钱,我们大

图 3-12　色度计校准显示器

家都可以用这一方法来校准我们电脑的显示器。软件校准通常用安装了 Photoshop 软件后的 Adobe Gamma 来进行。我们通过控制面板去访问 Adobe Gamma，该软件所校准的内容包括显示器的白场、对比度、亮度。最后得到的是一个针对这台显示器在特定亮度、对比度旋钮状态下的描述档案。

Adobe Gamma 软件校准显示器的步骤如下：

①从"开始→设置→控制面板"进入，打开 Adobe Gamma。

②打开 Adobe Gamma 控制面板之后，将出现想要采用"逐步"的方式还是"控制面板"方式的对话框，如图 3-13(2)。请选择"逐步"这种方式。

③这时，允许载入一个 ICC 描述档案来描述你的显示器。你可以选择任何一个描述档案，但较好的做法是采用软件默认的描述档案。

④接下来我们需要对显示器的亮度和对比度作调整。先是将对比度调至最大。接下来调整亮度，使图 3-13(4)右下角黑块中央的方格暗至刚刚能被看出为止。由于不同显示器在出厂时的设置不尽相同，有些显示器这一步的调整可能有些难度甚至做不到，调整至最接近的状态也就只好作罢。

⑤选择显示器所用的荧光粉。确定此项设置的办法一是查阅显示器随机附带的使用手册，再就是在"Trinitron"或"P22-BU"这两种最常见的类型中任选一种。索尼公司、苹果公司电脑的显示器通常使用 Trinitron 荧光粉，而三菱、日立等其他一些品牌的电脑很可能使用 P22-EBU 荧光粉的显示器。

⑥调整显示器的 gamma 值。Windows 操作系统选择 2.2(苹果电脑的 mac os 操作系统选 1.8)，然后移动色框下方的滑块使外框成图案与中央方格的影调融合。为了完成好这一具有相当难度的步骤，你不妨眯眼睛看红、绿、蓝三个色块，这样做可以更易于判断外框线条图案与中央方格的影调融合程度。如果近视眼，摘掉眼镜也是个好办法。

（1） 步骤①

（2） 步骤②

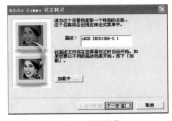

（3） 步骤③

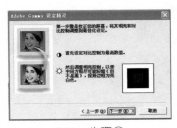

（4） 步骤④

（5） 步骤⑤

（6） 步骤⑥

⑦决定显示器的白场。一定要先确保第六步已精确地调整完毕,否则会影响到这一步的调整。失点"测量中",出现图 3-13(7)b 的画面后,如果中间的色块不是中性灰,偏冷或暖色,则分别点一下左(或右边)的色块,直至你认为中间的色块是中灰了,这时双击中间色块,退出测量白场界面。

⑧"已调整最亮点"是指显示图像时你要求显示器实际采用的最亮点设置,可将其设为纸白色（5000K）或日光色（6500K）。不过建议选取"与硬件相同"选项,该选项所选择的是在第七步中确定的设置,它可避免对显示器动态范围的截取,从而发挥出显示器的最佳性能。

⑨到这一步点击"完成"并保存设置。保存时将你的设置以一个诸如"某日的显

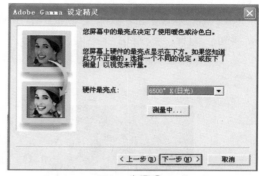

（7） 步骤⑦a

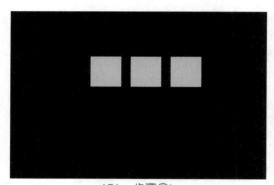

（7） 步骤⑦b

（8） 步骤⑧

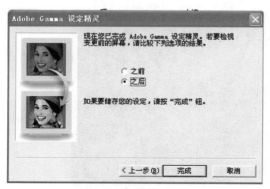

（9） 步骤⑨

图 3-13 Adobe Gamma 校准显示器的步骤

示器设置"之类的文件名来命名并进行保存以便日后了解何时做的色彩管理。这个文件便可成为被系统所使用并且管理显示器色彩空间的描述档案了。

　　校准工作完成之后,不要再去改变显示器的亮度和对比度,显示器亮度和对比度的任何改变都将影响已建立的描述档案的准确性。

　　用 Adobe Gamma 软件校准显示器虽然简单、有效、省钱,但他依靠的是使用者的主观判断, 因此, 校准时可能因个人视觉上的偏差而造成校准的偏差。不过通过 Adobe Gamma 校准总比不校准强,Adobe Gamma 的校准基本可以满足我们日常生活中娱乐制作的需要。

图 3-14　利用较小的光圈拍摄,获得较大的景深,提高画面的清晰度。摄于浙江临安,尼康 950 数码照相机,光圈 f/11,A 挡光圈优先自动拍摄。

图 3-15　雪天摄影通常要作适当的曝光补偿,否则画面偏暗。摄于杭州西湖,尼康 950 数码照相机,+1 挡曝光补偿,光圈 f/11,A 挡光圈优先自动拍摄。在 LAB 色彩模式下,对图片的色彩用"曲线"法进行了调整。

第四章 ▶

数码照相机的设置

　　无论是传统照相机还是数码照相机,要拍得层次丰富、图像清晰的影像,在拍照之前都需要进行相应的设置。数码照相机由于控制功能更多更完善,因此在使用前对各种功能设置进行详细了解尤为重要。只有充分了解数码照相机的各种功能,在恰当的设置状态下,数码照相机的功能才可以得到充分发挥,优点才会得到体现。

　　数码照相机的设置主要包括:电源开关、图像质量设置、白平衡设置、闪光灯设置、曝光方式设置、对焦方式设置、感光度设置、查看电池的状态、查看存储卡容量等。这些设置和照片质量休戚相关,一个设置的错误都有可能导致拍摄失败。尽管数码照相机的品种繁多功能也各不相同,但它们的状态设置还是比较相似的。下面就一些比较常见的功能设置进行介绍。部分比较特殊功能的设置可以参考数码照相机的使用说明书。

第一节　电源的开启

　　用数码照相机拍照,第一件要做的事便是打开电源开关。数码照相机的开关主要有旋转式开关、分离式开关两种。

1.旋转式开关

　　旋转式开关是比较常见的类型。早期的数码照相机多为这种开关。这种开关一个转盘上包括了模式选择和电源控制按钮,电源控制和模式选择旋钮通过旋转选择,两种控制间隔进行。这种开关的好处是只有一个转盘,清晰明了,不足是模式之间的切换不方便,特别是从拍摄状态到播放状态要转过一大圈, 耽误不少时间,

图 4-1　旋转式开关

另外转盘的频繁旋转也容易损坏。

2.分离式开关

图4-2　分离式开关

分离式开关的电源控制和模式控制彼此独立，电源控制开关一般是按钮、拨轮或滑槽，而模式选择一般设计为旋盘式样。电源只有开启和关闭两挡可调。电源开启时，允许用户在拍摄过程中调节拍摄模式或进入播放状态。分离式开关比旋转式开关要方便，近年来的数码照相机都已将旋转式开关改成了分离式开关。

（1）在这种模式下数码照相机自动设置聚焦和曝光

（2）这种模式下允许用户回放照片动画

（3）这种模式下允许拍摄录像片段

图4-3　分离式开关在不同模式下的作用

第二节　图片质量设置

图片质量设置包括分辨率设置和存储格式、压缩比例设置两部分。图片质量和数码照相机的分辨率密切相关，所以，数码照相机感光组件性能的好坏、分辨率的高低首先决定了图片的先天质量。其次，存储格式、压缩比例的不同也会影响图片品质的好坏。

普通数码照相机的分辨率一般可以设定为最高、中、基本、低等多个等级。如：640×480（屏幕显示）、1600×1200（200万像素）、2048×

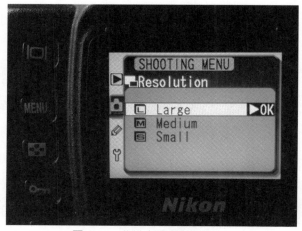

图4-4　分辨率设置菜单

1536(300万像素)、2272×1704(400万像素)、2560×1920(500万像素)等级别。拍摄时设置的分辨率越高,所能记录的图像信息就越多,相应的照片就越清晰。分辨率越高的数码图像文件其体积就越大,需要占用的存储空间也就越大,相应的图像的处理时间就越长。因此分辨率和存储容量存在着矛盾:分辨率越高,存储卡中可存储的影像数量就会越少。很多时候,设置不同分辨率就是要在有限的存储空间中放入更多的符合需要的照片。当然数码照相机除了最高分辨率,也可以选择较低的分辨率,以适应不同情况的要求。

在设置分辨率时要根据拍摄的要求来选择,如果对图片的质量要求较高,就可以选择最大分辨率;而如果照片的目的只是用于上网或屏幕观看那么就选择尽量低的分辨率,这样就可以节省存储空间多拍摄几张照片,还可以提高图片的传输和处理速度。

另外,数码照相机中往往都会有拍摄彩色照片、拍摄黑白照片和怀旧调棕三种效果。一般人们认为黑白格式照片拍摄可以节省存储空间,但很多数码照相机拍摄的黑白格式照片实际上仍然使用RGB三个通道,只是三个通道一样而已。可以将拍出的照片在

 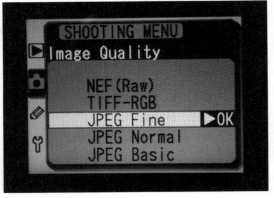

(1)　(2)

(1)　这是尼康D100数码照相机的图像质量选择菜单。按MENU菜单按钮。系统进入图像质量对话框。在窗口中可对不同质量进行选择,只需高亮显示其中任何一个选项。按确定键后再退出。

(2)　"NEF"是尼康的raw格式,主要用于保留图像的原始信息,属于高照片质量设置,文件占用空间大。

"TIFF"这种设置主要用于拍摄最高质量的照片,文件占用空间也最大。

"JPEG Fine"这种设置主要用于拍摄较高质量的照片,属于中上等照片质量设置,文件占用的空间不会太大。

"JPEG Normal"这种设置主要用于拍摄普通中等质量的照片,文件占用的空间较小。

"JPEG Basic"这种设置主要用于拍摄文件空间小的照片,可以用来发E-MAIL、上网、在计算机上显示,这种设置是这款数码照相机的最低设置,图片文件占用的存储空间最小。

图4-5　尼康D100数码照相机的图像质量选择菜单

图 4-6　大光圈,浅景深效果。摄于四川红原,理光 KR-7 照相机,腾龙 70~210mm,F3.5镜头,
　　　　光圈 f/4,快门速度 1/250 秒,用了单脚架。

Photoshop 打开通道面板,若只有一个灰度通道,那么这样拍摄可以减小照片占用的存储空间。若有多个通道则用黑白格式拍摄并不能节省存储空间,还不如用彩色模式拍摄再事后处理更加灵活。

　　数码照相机的存储格式、压缩比例设置也和图片质量关系密切。常见的存储格式有 RAW 格式、TIFF 格式、JPEG 格式等,各格式的特点前面第三章已经介绍。压缩比例(主要针对 JPEG 格式)有基本、正常、精细、高等,影像文件压缩越多,存储文件占用的空间就越小,但影像信息的损失就越多。如果存储容量足够大,拍摄中我们尽可能将数码照相机的压缩比例设置到"精细"状态,这样可以保证影像有足够的细节,以免影像信息损失太多,图片质量不符合使用要求。

　　一般来说,数码照相机的分辨率和存储格式、压缩比例经过设置后,照相机一直会记住这一数值,直到下次更改时才会被改变。而且即使关闭电源或更换电池,设置仍然会自动保存。

第三节　拍摄模式设置

　　数码照相机的各种拍摄模式主要是为方便摄影者拍摄不同的摄影题材而设置的。不同的照相机其拍摄模式不尽相同,有的只有四挡,有的却有七八挡,挡位多的是对各种拍摄题材进行了细分,设置了更有针对性的专用拍摄模式。数码照相机的各种拍摄模式和传统照相机的拍摄模式完全相同。现将最基本的四种拍摄模式作一个简单介绍。

（1）　（2）

（3）　（4）

（1）　M模式,表示手动模式,相当于传统照相机的纯机械挡,光圈和快门速度均由人工设定。

（2）　A模式,表示光圈优先模式,先人工设定照相机镜头的光圈,照相机会根据光线情况选择合适的快门速度自动曝光。该模式便于掌控景深和清晰度,适合于广告摄影和平常的一般活动摄影。

（3）　S模式,表示快门速度优先模式,先人工设定快门速度,照相机再根据光线情况选择合适的光圈进行自动曝光。该模式便于掌控被摄主体的运动轨迹和模糊量,适合于体育运动摄影。

（4）　P模式,表示全自动曝光模式,照相机会根据光线情况和厂方设置的程序全自动选择合适的光圈和快门速度组合进行曝光。该模式适合于摄影初学者或平常的一般活动摄影。

除了上面的四种拍摄模式,有的照相机还对各种拍摄题材进行了细分,从P模式派生出更多的图像模式,这些模式适合于图标对应情况的全自动摄影。

图4-7　数码照相机的四种拍摄模式

第四节　白平衡设置

　　普通的数码照相机都会根据环境光照的具体条件进行色彩的自动调节,这种调节功能称自动白平衡。比较高档的数码照相机和专业数码照相机除了自动白平衡,还设有手动白平衡和其他方式的白平衡功能。自动白平衡使拍摄者在数码照相机拍摄时免去了不少的麻烦,是实用性很强的功能,一般情况下的应用效果比较好,因此,自动白平衡是绝大多数拍摄者首选的设置。当然,在一些特定光照条件下,有些拍摄者为体现自己的拍摄技巧或是为了增强图片的艺术效果,需要设置其他类型的白平衡。

　　采用何种白平衡,可以根据拍摄环境中的光照条件自行调节。色彩精确度不高时用自动白平衡功能省事,色彩精确度要求高时则最好用手动设置白平衡。当然也可以在"荧光灯"、"日照"等特定的自动白平衡模式上选取。

　　下面就以尼康 D100 为例,介绍设置白平衡的具体操作步骤。

（1）　在菜单中找到白平衡选项并确认

（2）　进行不同模式的选择

白平衡模式选项介绍:
Auto:自动默认格式。这种方式比较适合于一般照片的拍摄。
Direct Sunlight:日光。适合在白天的自然光线中进行拍摄。
Incandescent:白炽灯。适合在普通灯泡的光线下进行拍摄。
Fluorscent:荧光灯。适合在荧光灯环境下进行拍摄。
Flash:闪光灯。比较适合在闪光灯环境下进行摄影。
Cloudy:多云。比较适合在多云天气条件下进行拍摄。
Shade:阴天。比较适合在阴天条件下进行白平衡摄影。
WB Preset:白平衡预置。适合进行手动白平衡调节。
注:白平衡设置一次后,只有当下次再设置的时候才会改变。关机状态仍保存设置。

（3）　选择某种模式后退出

图 4-8　尼康 D100 设置白平衡的操作步骤

第五节 感光度设置

对于传统照相机来说，可因拍摄环境光线亮度的不同而选购不同感光度的胶片，光线越暗的地方应该选择感光度较高的胶片。对于数码照相机来说，为了适应不同亮度的环境光线也要做类似的设置。传统胶片的感光度是指胶片对光源的灵敏度，数码照相机的感光度原理完全相同，即感光芯片根据光源强度的不同通过改变感光芯片信号放大器的放大倍数来改变 ISO 值，从而改变数码照相机的感光能力。但要注意，当 ISO 值升高时，信号放大器的杂讯会增加，影像会出现噪点增加、画质变差的现象。

数码照相机通常都会有多种不同感光度的设置。如尼康 D100 数码照相机就有 ISO200、ISO400、ISO800、ISO1000、ISO1200 和 ISO1600 等十二种感光度的设置。普通家用数码照相机，如尼康 995 有 ISO100、ISO200 和 ISO400 三种感光度的设置。下面以一款富士家用数码照相机为例来介绍感光度的设置情况。

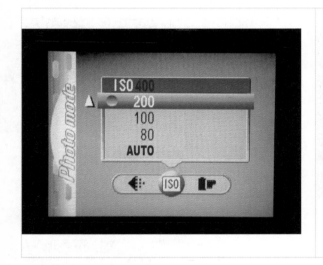

AUTO：系统默认的设置，根据景物的亮度不同，感光度在 ISO80–ISO400 之间自动设定。这种模式适合于一般的景物拍摄。

ISO80：适合在需要拍摄细节画面及在明亮的阳光下拍摄，拍摄自然风光或建筑物最为适合。

ISO200：一般适合于在多云的条件下进行拍摄。

ISO400：当闪光灯禁止使用时，适合室内、暗光条件下的人物或夜间的景物进行拍摄。

图 4-9 数码照相机感光源设定

第六节 闪光灯设置

数码照相机的闪光灯分为内置式闪光灯和外接式闪光灯。大部分数码照相机都配有内置闪光灯，因为内置闪光灯属于照相机的整体，只要设置一下就可使用，非常方便。但一般情况下内置闪光灯的发光功率比较小，有效范围都会比外接闪光灯的小。每种闪光

内置式闪光灯：目前大多数数码照相机都配有内置闪光灯，如左图所示。内置式闪光灯与数码照相机成为一体，在不同环境下给拍照带来了很大方便。在实际应用中，只需要对数码照相机进行不同的设置即可。一般情况下，数码照相机的闪光灯都是设计为自动闪光的，当环境光线太暗或处于背光状态时，闪光灯会自动闪亮进行补光。当遇到比较复杂的情况时，可以进行手动设置，以达到拍摄的最佳效果。

外接式闪光灯：外接式闪光灯也常被称作独立式闪光灯，如右图所示。在高档数码照相机上设有外接闪光灯连接的触点，可以和外接闪光灯相连。外接式闪光灯一般分为通用型、A-TTL 或 TTL 专用闪光灯、E-TTL 专用闪光灯。

图 4-10　数码照相机的内置式和外接式闪光灯

灯都有自己的有效范围，超过了这个范围，闪光灯就失去了效用。在专业摄影中，拍摄对光线的要求很高，内置闪光灯往往不能满足专业摄影的需求，所以需要外接闪光灯对拍摄景物进行补光，而外接闪光灯一般只是准专业或专业级的数码照相机才可以配接。

　　数码照相机的闪光设置一般有自动闪光、强制闪光、减弱红眼闪光和取消闪光等四种模式，专业级的数码照相机和普通数码照相机都一样。

　　下面就以尼康 950 数码照相机为例，介绍闪光灯的设置流程：

　　①打开照相机的电源，将照相机设定到拍摄状态；

②按闪光灯符号按钮,数码照相机的闪光模式就会在 auto-flash(自动闪光)、flash off (闪光灯关闭)、red-eye reduction flash(消除红眼)、fill-in flash(强制闪光)、night scene(夜景闪光)、中进行循环自动的切换;

③选择好一种闪光模式后,就可以进行拍摄了。

(1) 自动闪光。当数码照相机的拍摄环境为弱光或背光时自动进行闪光。

(2) 闪光灯关闭。它指无论何种光线条件下闪光灯都不闪光的拍摄模式。一般情况下,数码照相机的闪光灯设置为在光线暗或背光的状态下自动闪光,但有时闪光灯的强烈光线会引起反光,影响拍摄效果,所以有时为了取得比较好的拍摄效果而强行将闪光灯关闭。

(3) 消除红眼。这种功能可以消除拍摄时的红眼现象,闪光灯提前预闪几次使被拍摄者的眼睛适应闪光状态。

(4) 强制闪光。强制闪光是指不管光线条件如何,拍摄时闪光灯都会闪亮的模式。

(5) 夜景闪光。在夜景环境下拍摄景物时进行闪光。通常情况下,当数码照相机的内置闪光灯开启时,照相机的快门速度会比不开启时高,以防止照相机的抖动,这样拍得的照片背景会比较暗。而夜景闪光模式下照相机的快门速度仍然按照相机的测光数值曝光,这样拍得的照片既有理想的主体,又有比较明亮的背景。因为照相机的快门速度比较慢,夜景闪光模式也叫慢门同步闪光模式。

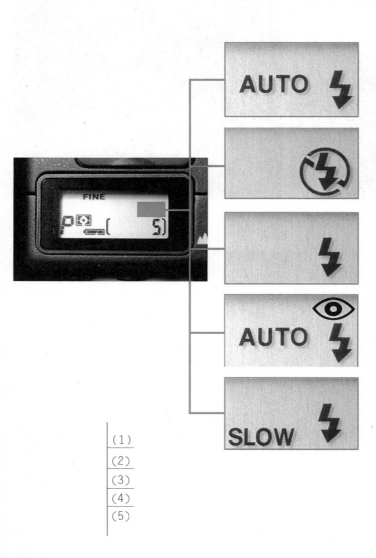

(1)
(2)
(3)
(4)
(5)

图 4-11　闪光灯的模式说明

第七节　对焦方式设置

为了使被摄主体通过镜头结成清晰的影像，对焦是拍摄中不可缺少的步骤。数码照相机既可以自动对焦也可以人工手动对焦，自动对焦又有：中央重点区域对焦、多区域对焦、连续对焦、单次对焦等多种类型。

CENTER-ZONE：中央重点区域对焦，比较适合使被摄主体在画面中央或对特定区域的精确对焦。

MULTI-ZONE：多区域对焦。可选择不同的区域进行对焦，比较适合人像、风光等一般题材的拍摄。像尼康 D100 数码照相机有五个区域对焦点可选择。通过按压如图所示的箭头按钮，实现对焦点的选择。

有些比较高档的数码照相机的对焦模式还分连续对焦、单次对焦。连续对焦情况下镜头的焦点始终跟着被摄主体，适合体育运动摄影、野生动物摄影；单次对焦是当你按下快门时对准的镜头焦点即被锁定，这种对焦模式比较适合被摄主体不在焦点选择区域情况下的对焦。

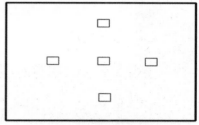

图 4-12　尼康 D100 数码照相机的多区域自动对焦

对焦模式的设置如同其他模式的设置，设置值将会保存到下次修改为止，即使电源关闭也不会消失。

第八节　曝光补偿设置

一张照片质量的好坏，曝光量的正确与否起决定作用。如果拍摄过程中的整体曝光量不够，拍摄出来的照片就会发暗或暗部缺少层次；如果曝光量过了，照片又会发白。为了拍出理想的图片，就要有适度的曝光量。当数码照相机设置成自动曝光时，通常情况下都可以让照相机正确曝光。但在一些特定环境或有特殊需求时，仅依赖自动曝光是不够的，还需要曝光补偿设置，只有这样才可以拍摄出曝光量适合被摄体情况的照片来。

1.需要减曝光量的情况

拍摄大面积的暗色调景物时，如果被摄主体比较亮，需要减少数码照相机的曝光量。

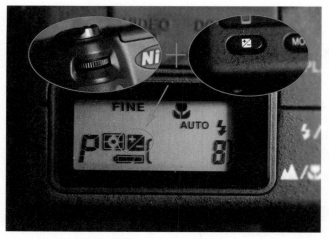

图4-13 尼康950数码照相机的曝光补偿设置

2.需要增加曝光量的情况

如果拍摄雪景,为了获得整体的层次,需要增加曝光量,否则拍摄的白雪会呈灰色。

拍摄大面积的亮色调景物,当被摄主体处在逆光状态下时,需要增加数码照相机的曝光量,如以天空为背景的人物摄影;弱光和夜景摄影,为了足够的层次,需要增加曝光量。各种摄影状态不同,曝光补偿也不同。平时要多总结,积累经验。

第九节 电量查看

查看数码照相机的电量可以让我们知道数码照相机还可以工作多久,做到心中有数。通常情况下,数码照相机的显示屏上都会有电池电量的标记。这种设计方式和现在的手机、MP3等产品几乎相同。当电池的电量所剩不多时,最好换上备用的电池,以免错失拍摄良机。

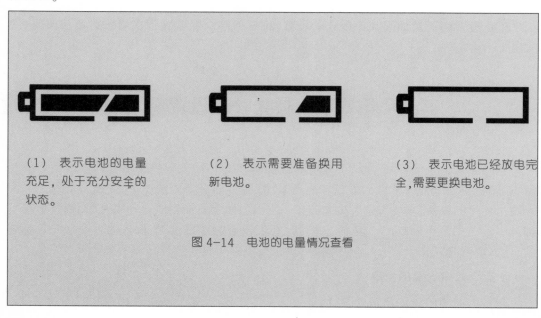

（1）表示电池的电量充足,处于充分安全的状态。

（2）表示需要准备换用新电池。

（3）表示电池已经放电完全,需要更换电池。

图4-14 电池的电量情况查看

第十节　剩余张数查看

查看照片的剩余张数可以知道数码照相机存储卡的剩余空间大小以掌握好拍摄节奏。如果数码照相机的剩余照片张数只有几张,意味着存储卡几乎快满了,这时要么及时更换存储卡,要么将图像尺寸改小或精度降低,可以再多拍几张。当然,在图像尺寸不能改小、无存储卡可换的情况下,也可以进行回放,删除效果不好的图片,这样就可以腾出一些存储空间,继续拍摄几张。

图 4-15　剩余张数显示

第十一节　常见错误提示

在数码摄影创作中,由于操作不当或系统不兼容时会遇到提示的错误信息,此时需要及时地操作处理,才能继续正常地使用数码照相机。

表 4-1　数码照相机常见的错误信息

错误信息显示	错误信息含义	解决办法
No Card	照相机发现没有存储卡或不能识别	插入存储卡,或更换存储卡
Card Full	存储卡已满,不能够再存储图片信息	删除存储卡上的一些内容或插入新卡
Can't Open File	图片不能被打开	这张图片的格式与数码照相机不兼容,需要在计算机等其他设备上观看
Card Error	存储卡不能识别或存储卡已经损坏	重新插入存储卡,或更换存储卡

第五章 ▶

数码摄影拍摄技法

第一节　特殊光线摄影

　　现在的数码照相机都有自动曝光功能,大大降低了摄影技术的门槛,在明亮的自然光或闪光灯照明下,可以说任何人抓起照相机按下快门一般都可以拍得"有影的像",有时效果还非常好。但在一些特殊环境下,照明光线不理想,要拍好照片还是有讲究的,下面就一些特殊光线照明条件下的拍摄技巧进行介绍。

一、混合光摄影

（1）　闪光灯设定到慢门闪光状态,自然光和闪光灯光得到较好的平衡。

　　在礼堂、报告厅等场所拍照,我们都遇到过这样的情况:要么照片太暗,要么照片模糊,而用了闪光灯,前景中的人物又太白。出现上述情况的原因主要是礼堂、报告厅的光线照明不够,以至照相机曝光不足、快门速度太慢。但用了闪光灯,因为人物离闪光灯近,曝光有点过,而礼堂、报告厅空间大,闪光灯光线起不了作用。要把这些场所的照片拍摄好,既要利用礼堂、报告厅的自然光,又要利用闪光灯的人工光,还要将这些混合光平衡好。具体做法是:将

（2）　纯自然光拍摄画面偏暗。

（3）　闪光灯为主光源,前景曝光过度。

（4）　闪光灯和自然光配合得当,画面真实自然。

图 5-1　闪光灯和自然光混合拍摄对比实例

照相机设定到光圈优先自动曝光,将闪光灯设定到慢门闪光状态。估出照相机离前景中人物的距离,算出照相机镜头的光圈数值(光圈数值=闪光灯指数÷距离×感光度÷100),再将照相机镜头的光圈设定到这一数值。

通过这样的混合光曝光,既可以兼顾主体和背景,又可以有较强的现场环境感。拍摄时快门速度可能会比较慢,为防止照相机抖动,最好用三脚架固定照相机。

二、日出和日落摄影

数码照相机在日出或日落条件下拍摄时容易出现问题。一种情况是照片曝光不足:只有一个橙色的太阳被四周近似全黑的环境包围着;还有一种情况是,照片曝光过度,天空一片死白没有层次。

解决上述问题的办法是仔细选择测光区域,然后通过作曝光补偿使照片达到希望的色调。拍摄时,首先要做的事情不是对着最终的构图画面测光、拍摄,而是把镜头转向一边,先对着没有太阳的天空测光(半按快门钮),这时获得基准的曝光读数。如果使用这个曝光值拍摄,那这片天空就会成像为中等色调,既不会一片死白,也不会近似全黑。如果你希望让影像的颜色再浅一些,那么再加一到两挡的曝光补偿;如果你希望让影像的颜色再深一些,那么再减一到两挡的曝光补偿就行。如果你不会设置基准曝光数值,你只要一直半按快门钮不放,再转到最终的构图后按下另一半快门钮,照相机就仍然保持半按时的测光数值曝光。

图 5-2 摄于杭州西湖,尼康 4500 数码照相机,用了三脚架和 0.63 倍广角镜,光圈 f/16,A 挡自动曝光模式,"-1"挡曝光补偿,云彩经过数码处理。

图 5-3　摄于太平洋无名小岛,佳能 EOS60D 数码照相机,原厂 100~300mm 镜头,光圈 f/16,A 挡自动。

图 5-4　摄于美国夏威夷,佳能 EOS60D 数码照相机,原厂 80~200mm 镜头,光圈 f/16,A 挡自动。

图 5-5　摄于加拿大 Doumheller，佳能 EOS300D 数码照相机，原厂 18~55mm 镜头，光圈 f/16，A 挡自动，"-2"挡曝光补偿。

三、极端背景摄影

数码照相机的自动曝光是依据中灰色物体的反光率设计的，因为大多数的色彩融合起来也就像中灰色。如果景物画面特别黑或特别白，那么数码照相机的自动曝光数据肯定就会出现偏差，色彩也会出现不平衡。遇到这种极端背景，我们要人工干预数码照相机的自动曝光，作曝光补偿或色彩平衡后才能获得正确的曝光。

通常情况下，对大面积的白背景，要在数码照相机自动曝光的基础上增加一到三挡的曝光补偿，背景越白，补偿越多。对大面积的暗背景，则要在数码照相机自动曝光的基础上减一到三挡的曝光补偿，背景越暗，减更多的曝光量。

由于数码照相机的宽容度比较窄，有时仅靠曝光补偿还不能解决问题。如暗部

图 5-6　摄于浙江松阳，尼康 D100 的数码照相机，原厂 28~80mm 镜头，光圈 f/11，A 挡自动曝光。天空部分从"-1"挡曝光补偿的影像上选取，瓦片下的暗区从"+1"挡曝光补偿的影像上选取。

图 5-7　摄于浙江松阳，索尼 α900 照相机，蔡司 135mm 镜头，光圈 f/8,A 挡自动曝光，后期经 Photoshop"阴影、高光"处理。

图 5-8　摄于浙江农林大学，索尼 α900 照相机，蔡司 24~70mm 镜头，光圈 f/11,A 挡自动曝光，"+1" 挡曝光补偿后期经 Photoshop"阴影、高光"处理。

图 5-9　摄于杭州市西天目山,索尼 α900 照相机,蔡司 135mm 镜头,光圈 f/11,A 挡自动曝光,"+1"挡曝光补偿。

的主体被提亮了,但高光的部位更白、没层次了。这时要用另一种解决办法:用不同的曝光量多拍几张。在后期处理中通过选取不同曝光量的影像叠合成一张照片。如图 5-6,天空部分从曝光不足的那张照片上选取,人物部分从增加曝光量的那张照片上选取,最后软件叠合成的照片不论是高光部位的天空还是暗处的人物都有丰富的影调层次。Photoshop 8.0 CS 版本,增加了"暗调/高光"(Shadow/Highlight)调节功能,这类图片,特别是高反差的画面用这一选项来调节,可以大大提升画面效果。但如果原片高光部位的层次丢光了,那效果虽然有所改观,但若要造出高光部位的层次,Photoshop 8.0 CS 也是回天无力了。所以,摄影创作中,拍好是最关键的,数码的处理只能辅助性地改善影像效果。

第二节　人物肖像摄影

　　人物肖像摄影是我们摄影活动中最主要的内容。人物肖像可以分新闻现场人物肖像、环境人物肖像照、标准照、身份证大头像等多种形式。不同的肤色、不同的环境、不同的内心世界……人物肖像所呈现的形式是各类摄影作品中最千变万化的。要拍好人物肖像要注意以下几个方面。

一、表情的捕捉和姿势造型的安排

　　人物的表情是文字很难全面描述的,生动的表情是一张肖像照片的灵魂,可完整地展现人物的精神世界全貌。因此,捕捉瞬间即逝的人物表情是人物肖像拍摄的重点和难点。抓拍是捕捉瞬间表情的最好方法,不仅可以拍到真实自然的一面,还可以增加照片的可信度。

　　在传统摄影年代,每拍一张照片都要支付费用,因为胶片需要成本。拍摄成功率的高低是摄影师"张张计较"的事情。现在,数码照相机的出现免去了胶卷的开支,我们可以不

图 5-10 侧着站立,把肩膀稍稍转正,这样的姿势有利于突出女性的身材。尼康 D100 数码照相机,原厂 70~210mm 镜头,光圈 f/8,快门速度 1/125 秒。

再"张张计较",拍到废片时也会消除了心理顾虑。因此在数码摄影创作中我们要及时将这些思维方式转变过来。人物肖像摄影中我们可以将照相机设定在连拍状态,一口气拍下多张照片,然后回放,将不理想的及时删除,这样也不会影响数码照相机的存储空间。通过这种方法一定可以抓拍到人物的最佳表情。

在拍摄人物全身照或大半身照时,要注意被摄者的姿势及造型,要使被摄者的姿势优美,有下面几个要诀:

头部和身体忌成一条直线,尽量让体形曲线分明。特别是在拍摄女性肖像时,表现其富于魅力的曲线是很有必要的。通常的做法是让被摄者的一条腿来支撑全身的重量,另一条腿则稍微抬高并靠着那条站立的腿,侧着站立,肩部转过去点,可以使腰看起来更细,通过挺胸,尽量地显示其高耸和丰腴感。同时,人物的一只手可摆在臀部,以便给画面提供必要的宽度和平衡。

人物站立时避免正面朝向镜头,无论被摄者是持坐姿或站姿,千万不要让其双臂或双腿呈平行状,因为这样会让人有僵硬、机械之感。人物身体应该稍微向左或向右转一些,再把头转过来,眼睛正视镜头,让身体转成一定的角度,这样,就能既造成动感,姿势又富于变化,画面会显得有生气和动势,并能增加立体感,照片就会显得优雅而生动。

人物摄影中不要忽略了手姿的表现。被摄者的手虽然在画面中比例不大,但若摆放不当,将会破坏画面的整体美。拍摄时要注意手部的完整,不要使之产生变形、残缺的感觉。如手叉腰或放进口袋里时,要露出部分手指,以免给人以截断的印象。

图 5-11 尼康 950 数码照相机,1/15 秒的快门速度拍摄。这样的速度使手的摆动变得模糊,而人物仍比较清晰,画面具有动感。

图 5-12 人物避开画面中轴线,通过身体的扭动平衡画面,这样的构图不会显得呆板。

二、背景的选择

　　照片给出的是视觉信息,而环境是交代人物肖像外部世界的重要内容,一张好的人物肖像应该交代被摄者与其生存环境的关系,让受众对人物及其生存状态信息有更多的了解。除了拍摄用于证件的标准像,一般的人物肖像照片应避免在没有背景的影室里拍摄。虽然数码摄影的后期处理为我们提供了添加背景的余地,但摄影实践中我们还是尽可能选择好背景,一次成功,省去麻烦,而且照片会更加真实自然。

图 5-13　主体和背景的动、静、虚、实对比,构成了和谐的音乐篇章。

　　拍摄人物肖像照片,一般都有明确的创作主题,由于主题的不同,在选择背景时应根据具体的情况分别予以取舍。如想显示被摄者的职业特点,我们可以把其工作场所作为背景,并采用现场自然光线拍摄,力求画面显现常态,把环境作为画面的一个重要组成部分,以环境来衬托人,用环境来展现人物的内心世界。又如照片是要反映人物的容貌、气质,那背景就应该以简洁、朴素为佳,这样就可以在最大程度上强化主体,使人物形象显得更鲜明、突出。

　　背景在画面中所占位置的比重、清晰度也有讲究。但背景在画面中究竟该占多少篇幅为最佳,没有定式。如人物旅游照片,背景可以用得大一些,而刻意拍摄人物内心世界时,背景则宜少些,以使受众的视线更集中于主体之上。

　　而背景的清晰与否关系到主体的是否突出。一旦确定了背景内容,要注意选用合适的光圈来调控景深,使背景的清晰度合适。如果背景是整个画面中的重要组成部分,要通过它传达出许多被摄者的信息,那应该采用较小的光圈,使景深增加,这样背景的细部就会有相当的清晰度。如果背景仅是陪衬,则可以采用较大的光圈和浅景深拍摄。

三、镜头焦距、拍摄距离的选择

　　镜头的焦距和透视效果密切相关。对于普通 135 照相机镜头来说,镜头焦距直接影响镜头的视场角大小、景深范围和透视关系。

　　在人物肖像摄影中,如果要将人物拍得漂亮,那么尽可能用中长焦镜头拍摄。因为,在摄影中景物有前大后小的透视关

图 5-14　用长焦镜头拍摄人像,既可突出主体,又能使人物更加妩媚。

图 5-15 远距离抓拍不会惊动被摄者,被摄人物的表情不会受到干扰。

系。我们平时看物体时,看到的透视效果和标准镜头的透视效果相近,视角在 46°左右。而中长焦镜头的视角比人眼的视角略小,因此,用中长焦镜头拍得的人物肖像效果是:离照相机远的部位比平时看到的显得略大;离照相机近的部位比平时看到的显得略小。通常情况下,正面摄影时,人物耳朵比嘴巴离照相机更远,因此,用中长焦镜头拍得的人物肖像就更符合我们的审美法则:"大大的耳朵、樱桃嘴。"而且这种变形不大,人物好看起来了,而你又不容易觉察。所以有些人喜欢把中长焦镜头称为人像镜头。

如果要给照片造成一些夸张效果,则要用广角镜头甚至鱼眼镜头。广角镜头和鱼眼镜头的视角大,拍摄范围广阔。它们改变了人眼平常的透视关系,所拍摄的照片会形成明显的夸张,可创造特殊的艺术效果。焦距越短,视角越大,景深越广,透视关系越明显。像"拉选票的手"这幅世界著名的人物肖像摄影作品就是用广角镜头近距离拍得的。

到目前为止大部分数码照相机的像场要比传统照相机的像场小许多。这样,同样焦距的镜头用于数码照相机和传统照相机时,就好像镜头的焦距产生了变化。通常情况下数码照相机的说明书上都会告诉你镜头的焦距增加量(系数),你只要乘上这一系数就可求得相当于传统 135 照相机镜头的"实际"焦距。如一只 50mm 的传统标准镜头用到佳能 EOS 350D 数码照相机上,拍摄的范围就如同一只 80mm 中焦镜头用于传统照相机上拍摄到的范围,镜头的视角小了不少。对于要拍摄"漂亮妩媚"类型的人物肖像,数码照相机是比较有利的;而要一些"夸张效果"类型的人物肖像,数码照相机则有些力不从心。

另外除了刻画人物的皮肤肌理质感,人物肖像摄影宜远不宜近。因为一方面当镜头(尤其是短焦距的镜头)离被摄者很近时,会出现畸变;另一方面,较远的距离拍摄可以让被摄人物减轻紧迫感而显得更放松自然。因此,摄影时应选择合适焦距的镜头,并让镜头与人物保持一定的距离。

四、防红眼

在摄影创作中,当自然光线不够明亮时我们往往要借助闪光灯来照明。但这种情况下拍摄的人物往往会出现红眼现象:照片上的人眼瞳孔呈红斑状。这样的照片自然不好看。

红眼现象的产生原因是:在比较暗的环境中,人眼

图 5-16 使用闪光灯拍摄人物出现的红眼现象。

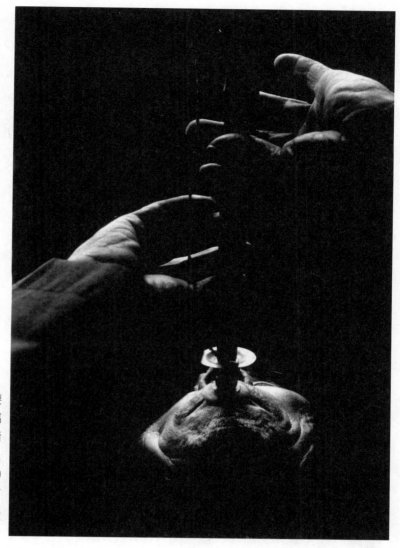

图 5-17　人像摄影中,要注意背景、构图、拍摄距离等多种因素的和谐。摄于浙江富阳,海鸥 DF-1 照相机,光圈 f/8,快门速度 1/60秒,采用仰角拍摄,该照片曾获得浙江省"龙门杯"艺术摄影大赛最佳黑白奖。

的瞳孔会放大,此时,如果闪光灯的光线和照相机镜头的光轴比较近,强烈的闪光灯光线会通过人的眼底反射入镜头,眼底有丰富的毛细血管,这些血管是红色的,所以就形成了红色的光斑。知道了原因,要防红眼就比较容易。

　　第一种办法是开启照相机上的防红眼功能,这时照相机在正式闪光之前预闪一两次,使人眼的瞳孔缩小,从而减轻红眼现象。

　　第二种办法是用外接闪光灯照明,让闪光灯离镜头的光轴远些。另外在拍摄前几秒,让被摄者看一下亮光源,使瞳孔更小些。

　　第三种办法是通过影像的数码后期处理。先将人眼做选区,把人眼的瞳孔的色彩饱和度降低,使红眼现象减弱。

图 5-18　人像摄影中采用逆光拍摄会获得独特的光影魅力。为了提高人物脸部的亮度,可以用反光板或闪光灯补光。

图 5-19　利用大光圈制造虚实对比,是人像摄影中常用的手法。索尼 α900 照相机,蔡司 135mm 镜头,光圈 f/1.8,A 挡自动曝光。

图 5-20　人像摄影中除了正面拍摄,也可以利用肢体语言来表达作者的思想情感。摄于杭州市西天目山,索尼 α900 照相机,蔡司 135mm 镜头,光圈 f/2,A 挡自动曝光。

第三节　旅游风光摄影

随着生活水平的提高,外出旅游现在已成为家庭生活的一部分,旅游正成为摄影重要的拍摄内容。 旅游摄影需要注意以下事项。

一、摄影器材的选择和准备

旅游摄影,是旅游内容的补充,其目的不外乎两个方面:一是记录自己在旅游胜地的游览过程;二是要拍摄素材,把旅游胜地的美丽风光、所见所闻、风俗民情等以照片形式带回家来。因此,应选择轻便型的摄影器材,具有变焦镜头的数码照相机、轻便型三脚架是最佳的选择,如有可能,最好选用从广角开始并有较大变焦比的镜头,这样足可应付旅游摄影的大多数拍摄要求,达到"一镜走天下"的目的。此外,还应带上足够的电池和存储卡,以免存储卡容量不够或电池不足而贻误拍摄良机。

图 5-21 摄于杭州灵隐寺,从边门拍摄,避开了拥挤的游人。 图 5-22 摄于浙江武义,除夕前的打年糕,别有一番情趣。

二、景点和内容的选择

各个旅游风景区都有代表性的景点,如:杭州市西湖景区的灵隐寺、北京的颐和园、南京的中山陵等。因此拍摄时要选择这些具有代表性的景点留影,使人一看就知道你在什么地方。但这些景点往往人多物杂,照片会很杂乱,拍摄时应选一些制高点避开人群。

旅游摄影也并非只拍名山大川或文物古迹,也可抓拍一些富有生活气息的镜头,如乘车、登舟等。这样就丰富了旅游纪念照的内容。同时不必拘泥于呆板的纪念照,可拍一些不同姿势、生动而富有情趣的镜头,可安排全身、半身、甚至局部特写,也可拍正面或侧面,总之尽量拍得既活泼又富有变化。

另外,旅游摄影可以跳开自己和风景,拍一些旅游景点的民俗风情。如国外的异域风光、少数民族的风土民情和民族服饰等,这些都是很有意义的拍摄内容。

旅游摄影时还要注意安排好人与景的关系。如果人后面的景物较高大,人可靠近照相机近一点,离景物远些,这样人与景都可以拍全。此外,要尽可能使用小光圈,这样人和景都能清晰。

图 5-23 摄于加拿大 Okanagan,佳能 EOS300D 数码照相机,原厂 18~55mm 镜头,光圈 f/11,A 挡自动。

三、时机和光线的选择

随时间、季节、地域的不同,旅游风景点的自然表现千变万化。这些微妙的变化就是大自然的魅力,是我们摄影者追求的目标。

晴天直射阳光下,顺光时拍摄,景物的投影小,无明显的光影变化,无法表现立体感,但照片的曝光容易控制、色彩比较明快饱和。低角度顺光拍摄,以天空为背景可形成高调效果;对浅色物体拍摄,能在周围形成深色的轮廓线;对皮肤细腻、柔嫩的儿童、妇女拍摄可以表现其光滑细嫩的皮肤。侧光时拍摄,可对被摄物构成较大的明暗对比,立体感强,射角以45°时效果最好。

大光比正侧光易产生阴阳脸。强烈的逆光能给被摄体一个明亮的轮廓线,使它从背景中脱离开来。如旅游摄影中人物穿毛绒绒的服装,逆光可勾出绒毛的轮廓。当逆光拍近景人物时,应用闪光灯补光,以调整光比,提高脸部亮度,使色彩和层次获得理想表现。还有一点就是逆光拍摄时应选取暗的背景。

旅游摄影的最好时机是早晨和傍晚。因为这时的光线为低斜光,其光影使被摄体表现出很强的立体感。这时天空的颜色多种多样,有黄色、橙色、金色、粉色等。

而旅游摄影忌讳在中午顶光下拍摄。因这种光线会在鼻子、下颌和眼窝处形成阴影,

图5-24　早晨在村民烧饭的时机拍摄,利用炊烟为画面增添了生机和神秘感。摄于浙江武义,尼康D100的数码照相机,原厂28~70mm专业镜头,光圈f/11,A挡自动。天空用了渐变镜。

造型不美,但也有例外。中午拍摄必要时人物可仰脸、侧向拍摄。

阴天或多云天气的光线柔和,适宜于拍摄以人物为主的旅游摄影作品,不适合拍大场面的风光。因为在这种光线下,物体的立体感不强。

雨雾天不是理想的天气,旅游比较辛苦,但却是旅游摄影的大好时机。雾景最为含蓄,很耐人寻味,往往给人以隐约、淡雅之感,可与泼墨山水画媲美。利用雨雾的变化可创作出神秘、情感丰富、引人入胜的作品。拍摄时要注意雾的出没规律,便于掌握拍摄时机。拍雾景最好在太阳刚出来,离地面不太高,雾尚未散时进行,这时拍出的照片反差大,色彩饱和度高,看起来明快,如果远近景物结合得好,可成为一幅素淡优雅的风景佳作。而彩虹往往和雨雾相伴,对旅游照片有独特的装饰作用。彩虹的出现,一般在阵雨过后,顺着太阳照射的方向远望可见。拍彩虹背景以深色较好,可衬出虹的五颜六色。在雨雾天摄影还要注意保护照相机,不要使摄影器材受潮。

四、特殊场合的注意事项

在冬天摄影时,数码照相机要比传统照相机脆弱,温度在-5℃以下时,普通数码照相机往往会工作不正常,因此,要考虑防寒措施。摄影前,把数码照相机放在防寒衣中,并尽可能使其靠近身体,用体温对其保温。拍摄时操作要迅速,在余温下降之前完成拍摄。

从冷环境进入温暖的地方还要注意照相机的防潮,因为在温暖环境的水蒸汽遇到冰

图 5-25　摄于加拿大卡尔加利,佳能 EOS300D 数码照相机,原厂 18~55mm 镜头,f/11 光圈,A 挡自动,"-2"挡曝光补偿。

冷的照相机会凝结成小水珠,附着在数码照相机表面,使照相机受潮。解决的办法是:用塑料布或衣物包裹着照相机进入温暖的环境,待照相机逐步升温后再取出照相机使用。

　　雪景摄影时,早晚逆光的曝光较顺光摄影难度大,所以自动曝光照相机需要有曝光补偿。但由于各种摄影状态不同,曝光补偿也不同。因此要积累经验,自己总结曝光数据,吃不准时,可以采用不同曝光量对同一景物进行括弧曝光。在逆光摄影时,还需要避免产生晕光现象。同时雪天用数码照相机拍摄往往还要进行适当的减量曝光。因为,晴朗的雪天景物反差大,光比强,而数码照相机的宽容度又不如传统胶卷,如果曝光过了,高光部位的层次将会损失殆尽,事后也无法补救。

图 5-26　风光摄影中常常会遇到白云、冰雪等特别明亮的被摄体,只有通过曝光补偿才能获得合适的曝光量。摄于西藏,索尼 α900 照相机,蔡司 24~70mm 镜头,A 挡"+1"挡曝光补偿。

图 5-27　摄于浙江武义,索尼 α900 照相机,蔡司 135mm 镜头,光圈 f/8,A 挡自动曝光,"+1"挡曝光补偿。

图 5-28　风光摄影中拍摄时间的选择十分重要。水中桃花本来是绝美的景色,由于到达拍摄地点的时间太晚,阳光位置很高,画面显得很平淡。摄于浙江富阳,索尼 α900 照相机,蔡司 135mm 镜头。

第四节 专题报道摄影

摄影作品不仅是艺术品，也是表现人们思想情感的载体。摄影创作更是人们之间一种新的交流方式，是复杂也是有趣的活动。

数码摄影技术的出现突破了时间和空间的限制，给专题报道摄影带来了一个高效、快捷的全新平台。专题报道摄影是通过一幅或多幅照片来集中地阐述一个主题、讲述一个故事，通过辅助的文字，以真实、形象的视觉阅读方式完成叙述，是网络、报纸、画报甚至电视经常采用的一种形式。专题报道摄影创作要注意以下几个方面。

图 5-29 摄于杭州"315"投诉现场，尼康 FM2 照相机，原厂 80~200mm 镜头，光圈 f/8,快门速度 1/125 秒。

一、摄影器材的准备

在专题报道摄影前，应该准备好足够的存储卡和电池。因为拍摄仅仅是讲述故事的开始。拍摄时需要多拍一些画面，为后期处理提供多一些选择，同时也避免由于拍摄失误而引出的问题。

如果是拍摄集会、艺术节之类的大型活动，应该带上广角镜头，一方面可以拍大场景，交代事件的实况。另一方面可以靠近被摄主体，造成画面的夸张，获得一些特殊视觉效果。如果是拍摄演唱会、时装表演之类的活动，则应该带上长焦镜头，以抓取特写，净化背景。而摄影包最好是用铝箱式摄影包，因为铝箱式摄影包放下来可以站人，以获得更好的视角。能找到一个制高点往往是拍摄专题报道成功的重要因素。

图 5-30 摄于杭州河坊街,尼康 4500 数码照相机拍摄。光圈 f/11,快门速度 1/30 秒。

二、题材、角度的选取

题材、角度的选取是专题报道摄影的关键。拍摄前要仔细研究题材的选取。报道摄影不是素材的堆砌和资料的汇编，而是经过仔细推敲、精心选择的有代表性的瞬间。要从多角度、多侧面地反映事物的发展过程和人物的精神面貌。因此选择的题材应该既能独立说明一个问题或是能表达事物发展的一个过程，又能够在主题思想的指导下，相互联系，彼此呼应，共同表达摄影者的意图。各图片可以按时间顺序拍摄，也可以按主题思想组合拍摄，可采用灵活多变的形式强化主题。不要人云亦云，要有新意，但要迎合人们的兴奋点和关注点。

拍摄专题报道摄影往往会遇到很多同行。为了让自己拍摄的专题报道脱颖而出、不同凡响，寻找拍摄角度就要有讲究。如果人家都站在那里抢，你可以趴在地上拍；人家都挤进去了，你索性就退后在外面拍。总之，拍摄时不要"随大流"，大家一块挤肯定拍不到独特的东西。

图 5-31 "奥林匹克新高度"，摄于武汉，华夏 821 型传统照相机拍摄。通常情况下专题摄影都是从正面拍摄的，有时反其道而行，拍些背景会取得意想不到的效果。此照片曾获美国"大众摄影 your best shot"一等奖。

三、时效的控制

报道摄影的目的是给受众提供信息,因此时效性十分重要。如果是为网络、报纸、电视等媒体拍摄,时间就更是命脉。要及时拍摄、及时发送。现在的电脑网络、通讯系统为我们提供了快捷的通道。因此,学习一些电脑、网络方面的知识是十分必要的。如果是为画报、期刊拍摄,由于这些媒体受到印刷、出版周期的限制,其时效性不如报纸和电视等那么强,这时可以更加着重追求报道摄影的深刻性、完整性以及艺术性效果。

四、图片的整理和文字配置

前期拍摄的素材可能是些散乱的镜头,所以我们还得事后选择照片,决定哪一些是主要的,哪一些是次要的,哪一些是不需要的,同时通过对素材进行筛选、加工、整理和编辑,把它们根据题材的需要组织起来,并根据需要配以说明文字,形成一个完整的专题。必要的说明文字是十分重要的,可以起到画龙点睛的作用。

图 5-32　摄于西藏,索尼 α900 照相机,蔡司 135mm 镜头,光圈 f/2,A 挡自动曝光。

（1）"佛门净地也有烦"原照，尼康 4500 数码照相机，光圈 f/8，快门速度 1/125 秒。

（2）对主体以外的部分做了高斯模糊，主体显得更加突出。

图 5-33　原图与高斯模糊后的对比

五、适度的后期处理

经过整理和文字编辑加工，还要对图片进行一定的后期处理，但处理一定要适度。过去，人们普遍认同照相机是一种写真工具，真实性是摄影图片的可贵品质。基于这种天性，摄影图片往往被当作佐证材料。摄影进入数码时代后，摄影人有了高新设备，特别是照相机与电脑的结合使摄影创作如虎添翼，变得无所不能。摄影人可以在照片上添加枝叶，可以修改缝补，可把本不相干的事物拼凑在一起……同时由于技术手段的改变，图片的内涵和真实性正发生变化，图片的社会功能也受到挑战。在这样的背景下，我们既要利用高新技术手段为我们的报道摄影创作服务，又要坚守职业道德，坚决抵制弄虚作假。

图 5-34　运动摄影利器：长焦镜头和大变焦比镜头的数码照相机

第五节　体育运动摄影

生活离不开体育运动，摄影自然也少不了体育运动摄影。如果能把体育运动那扣人心弦的镜头记录下来，那么，瞬间的精彩，将变成永恒。拍摄体育运动照片，其难度比普通的生活照片大些，不仅需要一定的摄影技术，而且对于摄影器材也有特殊的要求。下面就谈谈体育运动摄影的一些技巧和要求。

图 5-35　兵临城下。富士 S2Pro 数码照相机,300mm 长焦镜头,光圈 f/2.8,快门速度 1/250 秒。

一、摄影器材的准备

在拍摄体育运动比赛时,摄影者一般只能在场外远离运动员拍摄。而且,运动员的动作快、活动幅度大,因此,准备一只能变焦、大口径的长焦镜头是必需的,对于连体数码照相机,则要求镜头有较大的变焦比。如佳能 Pro 1,镜头从 28mm 到 200mm 具有 7 倍光学变焦,不仅可以远距离抓拍,把远处的景物拉近,使主体突出,还可以拍摄如花样游泳之类的大场面。

体育运动比赛在室内进行的比例比较高,现场光线比较暗。而用现场自然光线拍摄时可以增加现场气氛。因此,拍摄体育运动比赛最好选感光度高、噪点小的数码照相机。

为了防止照相机的抖动最好选有防抖功能的镜头或照相机,如柯尼卡美能达 α-7D。没有防抖功能的照相机则要准备一支单脚架。当然,三脚架也可以,只是三脚架移动起来没单脚架那么灵活。另外,像遮光罩等附件在体育摄影中也是不可少的。

二、位置和背景的选择

拍摄位置的选择在体育运动摄影中是非常重要的。抢到有利地形,就是体育运动摄影成功的一半。选择拍摄位置必须依据四条原则:一是该角度能够反映该项赛事的特点;二是拍摄距离能和自己的摄影器材匹配;三是背景比较单一干净;四是没有强逆光光源。

由于一般拍摄体育运动比赛的拍摄距离比较远,如果使用的是普通小口径长焦镜头,照片上的景深就会比较大,如果选择的背景不是比较单一的环境,照片就会显得杂乱。因此,拍摄体育运动比赛要选干净的背景,特别要注意避开其他运动员。虽然数码摄影的后期处理为我们提供了虚化或更换背景的余地,但摄影实践中我们还是要争取一步到位。

图 5-36　采用较慢的快门速度,并追随拍摄可以增强画面的动感。尼康 α100 数码照相机,光圈 f/5.6,快门速度 1/30 秒。

三、照相机快门速度的选择

照相机的快门速度和运动主体影像的清晰度紧密相关。不同类型的体育项目其主体的运动速度差别比较大, 根据表现意图和不同类型体育项目的特点选择合适的快门速度,是体育摄影中必须考虑的问题。较高的快门速度可以凝固运动主体,而慢的速度可以表现运动主体的运动轨迹。

不同的快门速度可创造非常美妙的效果,而数码照相机的零耗材支出,完全可以对同一目标用不同的快门速度连续拍摄几张,以供选用。

四、快门提前量

作为体育比赛的现场拍摄者, 选择和掌握什么时间按动照相机的快门至关重要,它直接关系着一张照片的成败。体育比赛中各种精彩的瞬间,理想的画面往往都是转瞬即逝的,如果缺乏预见性,就难以拍出优秀的体育照片。当抓拍运动员的某一快速变化的动作时,要在动作的高潮和精彩瞬间出现之前的一刹那间按动快门。这种功夫必须通过反复实践才能真正掌握。

（1） 球进篮框时按的快门。

（2） 由于快门时滞,拍摄到的画面中篮球早已
无影无踪。

图 5-37 用数码照相机拍照要有提前量

五、构图方式的运用

大多数体育运动照片要表述的是运动的精彩和激烈,而不同的构图对画面效果会产生一定的影响。像登山、跳高运动,为了体现高耸,尽可能用竖构图拍摄;如跑步、赛车等运动,为了体现速度,尽可能用横构图拍摄。

图 5-38 横构图有利于体现运动照片的速度感

图 5-39 摄于杭州河坊街,尼康 4500 数码照相机,光圈 f/8,快门速度 1/250 秒,做了变焦模糊处理。

图 5-40 "中国加油",摄于中日汽车漂移比赛,索尼 α900 照相机,蔡司 24~70mm 镜头,采用追随拍摄

六、常用的体育运动拍摄技巧

为了把体育运动拍摄得更精彩,除了常规手段之外还常常会运用一些拍摄小技巧,来增加画面的效果。

1.变焦拍摄

在按下快门的同时快速推动变焦环,改变镜头的焦距。用这种方法拍摄可以增加照片的运动感,如图片的爆炸效果很有视觉冲击力。但既要按快门又要快速推动变焦环,两手的配合比较难,照片的成功率比较低。如果用现在数码软件的后处理就比较方便,只要做好选区,输入羽化值,点"变焦模糊"命令即可大功告成。若不理想还可以重来。

2.追随拍摄

在赛车、短跑、竞走等运动比赛中,如果拍摄者沿着被摄体的运动方向,和被摄主体保持同步,在移动的过程中按下快门的话可获得清晰的被摄主体,而背景呈流动感,通过流动模糊状的背景来衬托出动体的快速。快门速度和主体运动速度决定背景的流动感强弱,快门速度越慢流动感越强,主体运动速度越快流动感越强。短跑、竞走的追随拍摄,快门通常用 1/15~1/60 秒。赛车、摩托艇比赛,快门通常用 1/60~1/125 秒。

用现在数码软件方法,也可以做出这种追随效果。但这种效果比较死板生硬,还是用拍摄方法获得的追随效果更自然。

3.轨迹效果

用较低的快门速度加闪光灯拍摄快速动作,影像主体的背后会跟着一串主体的运动轨迹,画面不仅能产生动感,而且还别具一格。

图 5-41　尼康 950 数码照相机,光圈 f/11,A 挡自动曝光拍摄,用 Photoshop 做了动感模糊。

第六节　花卉微距摄影

图 5-42　尼康 950 数码照相机的微距设定

在过去，用传统方法拍摄微距图片对于大多数摄影爱好者来说是一种奢求，因为普通镜头不能靠得太近拍摄，而微距拍摄专用镜头又比较昂贵。但数码照相机与传统照相机却不同，大多数机型都有强劲的微距功能，即使是两三千元的低档普及机型也具有该功能。因此，我们现在只要有台数码照相机就可以享受微距摄影的乐趣。对于微距摄影，创意、构图、色彩和内容都是比较重要的，但更重要的是要获得足够丰富的细节和较高的清晰度。如何获得清晰锐利的照片是微距摄影的难点和重点。用数码技法拍摄微距图片需要注意以下几个方面。

一、前期拍摄

1.数码照相机的设定

当前的大多数家用数码照相机都有专门的"微距"挡位，虽然也可以在非微距状态靠近被摄体，但这样拍摄的照片和在专门的"微距"挡位下拍摄的照片还是有较大区别的。在进行微距摄影创作时，建议要将照相机调到该挡位，这样照相机会自动将镜头伸到微距状态，光圈和速度的组合都会根据微距摄影的最佳配比设定，照片的清晰度和景深等都会比较理想。对于数码单反照相机，最好装上专用的微距摄影镜头，将照相机设定到"光圈优先"挡位，并将光圈设定到 f/16 或更小。如果没有专用的微距摄影镜头，则将照相机的像素设定到最高，镜头焦距拉到最长，这样通过裁切可以尽可能地放大被摄体，提高微距照片细节的清晰度。

2.防风措施

除了拍摄岩石和枯树皮之类的照片，对于绝大多数微距摄影，特别是拍摄细嫩的花草，风是微距摄影最大的敌人。拍微距的时候你会惊异地发现，即使无风的日子，小花总是在你按动快门的那一刻摇晃，而就这一点点小摆动就会让你照片的清晰锐利度大打折扣。

要克服风的影响，可以在微距摄影前带一些辅助工具，如纸板和塑料布，通过这些小附件来阻挡和减小风带来的影响。当然操作起来有些麻烦，效果也比较有限，要完全消除风的影响几乎是不可能的。因此，选择正确的天气和时间进行拍摄是最好的办法。一天当中风速最小的时间段是在清晨，尤其太阳出来之前效果最好。太阳升起后，即使没有风，空气受热后也会在小区域内产生气流。傍晚是一天当中第二个最好的时机,风速一般也不大,但是傍晚空气中的尘埃较多,拍摄出来的照片通透性不如早晨好。清晨和傍晚还是拍摄昆虫的最佳时机,因为昆虫在早晚时分的反应迟钝、活动能力比较弱,有利于拍摄。

3.使用稳定的三脚架

微距摄影的拍摄距离比较近, 根据成像的原理,画面的景深会很浅,所以为了获得足够的景深和清晰度,一般需要用较小的光圈,这样就需要比较慢的速度。同时为了获得均匀、细致的照片,拍摄微距应该尽量避免强烈的阳光直射,拍摄的时间大多为清晨和傍晚,阴天是最佳选择。如拍摄普通的生活照片,我们在这时可能使用 1/125 秒的速度和 f/5.6。但微距摄影得用 f/11 的光圈, 速度慢到 1/30 秒。所以,三脚架对于微距摄影来说是必需的。

图 5-43　甲壳虫主面与焦平面平行,甲壳虫的大部分身体都被拍摄清晰。

4.拍摄角度和焦平面的选择

我们都知道, 被摄主体的锐利清晰是任何一张照片必须具备的要素之一。微距摄影的景深很浅, 因此拍摄时应将被摄体的主要立面安排在焦平面上, 即被摄体的主要立面与照相机后背、底片平面平行。这样对焦后被摄体的主要立面是清晰的,否则,被摄主体超出景深范围的部分是模糊的。同时还要尽量使更多的细节紧挨焦平面。因此,拍摄角度和焦平面的选择是微距摄影中最值得考虑的一个部分。经过精心的选择,图片的清晰度可以得到明显的提高。当然, 还要看你的构图而定,如拍摄采花的蝴蝶,你想把蝴蝶的头部、

图 5-44　甲壳虫主面与焦平面垂直,只有头部很小的一部分清晰。

翅膀甚至尾部都要拍摄清晰,这时你可按上面的法则从上向下俯拍;倘若你只想突出蝴蝶的头部,翅膀和尾部要朦胧些,则要跳出上面提到的法则,而从蝴蝶头部的横向拍摄。数码摄影不会"谋杀"胶卷,当你一下拿不定主意时,不妨先拍张看看,根据效果再调整焦平面。

拍摄昆虫是微距摄影的重要类别,和人像摄影相类似,如果昆虫的眼睛没合焦,照片就会缺少神采。但因为昆虫的眼睛是复眼,呈多平面的立体结构,且一般不在身体的轴线上,所以如何选择焦平面的确很头疼,要多观察多实践才能掌握技巧。

5.光线的柔化

要使照片的色彩鲜艳、清晰度高,摄影时就需要有好的光线。在阳光下拍摄看起来似乎是较好的选择,但直射的阳光下,光比大,影子生硬,照片往往缺乏层次和肌理。如用柔光板或者白布伞进行漫射,光质就不一样了:既亮又柔。对于微距摄影来说被摄体的体积都较小,一块小面积的柔光板或者白布伞就足够了,携带起来也方便。如没有柔光板或者白布伞,可以找一张薄的白纸或描图纸来代替,效果也不错。

6.闪光灯的运用

很多情况下,微距摄影时的光线都不够理想:如林荫下拍摄,光线昏暗;为了不惊动被摄体,只有在逆光下拍摄。这时被摄体要么细节不容易表现出来,要么背光面会产生讨厌的阴影。这时候就得运用闪光灯进行补光;也可以用反光板加闪光灯补光,通过补光不仅提高了被摄体背光面的亮度,而且还可以通过选择反光板的类型来改变局部的色调。闪光灯的持续时间短也可以凝固被摄体的瞬间动作。

图5-45 摄于加拿大卡尔加利,佳能EOS300D,原厂80~200mm镜头,光圈f/22,A挡自动曝光。

二、后期处理

1.背景的模糊处理

背景是主体的陪衬,背景和主体的对比关系到一幅作品的优劣。要提高微距照片的清晰度实质上是要提高被摄主体的清晰度。因此,在微距摄影时,尽可能收小光圈,以改善镜头的成像质量,从而提高照片的清晰度。但收小光圈后,景深变大,背景清晰度也跟着提高。对于背景,清晰度的提高反而会喧宾夺主,削弱主体的视觉冲击力。所以,拍摄完毕后要对背景做模糊处理,以突出主体。具体操作步骤是:从Photoshop软件的"滤镜"菜单下的"模糊"子菜单中调出对话框。模糊方法有"模糊"、"进一步模糊"、"动感模糊"、"径向模糊"和"高斯模糊"等,通常情况下建议用"高斯模糊",这一方法可以对模糊量进行随意调控,而且效果自然。模糊处理中需要注意:要对背景区域做选区,且还要将选区做"羽化"。操作步骤是:从Photoshop软件的"选择"菜单下的"羽化"子菜单中调出对话框。羽化阈值要大些,具体数值要根据照片实际情况而定。

图5-46　近距离、大光圈拍摄，容易获得景深浅、背景虚化的效果。摄于加拿大卡尔加利，佳能 EOS60D 数码照相机，原厂 18~55mm 镜头，光圈 f/5.6，A 挡自动曝光。

图5-47　利用画面单元的多次重复，形成"节律美"。摄于加拿大卡尔加利，佳能 EOS60D 数码照相机，原厂 18~55mm 镜头，光圈 f/16，A 挡自动曝光。

2.照片的锐化处理

在传统摄影中，照片一旦拍摄完毕，即使不好也是"木已成舟"，事后无法补救。但在数码摄影创作中却可以通过多种多样的手段和方法在事后来加强照片的视觉效果。要提高微距照片的清晰度，图像处理软件 Photoshop 就可以大显身手。具体操作步骤是：从 Photoshop 软件的"滤镜"菜单下的"锐化"子菜单中调出对话框。方法有"锐化"、"进一步锐化"、"锐化边缘"和"USM 锐化"等，通常情况下建议用"USM 锐化"，这一方法可以预览锐化的效果而且可以对锐化的程度进行调控。用"锐化"的办法来提高微距照片的清晰度需要适度，太高数值的"锐化"，会使照片的噪点增加，层次损失。一般情况下，"数量"控制在 150 之内，"半径"控制在 1~3 左右，"阈值"控制在 0~1 左右。经过这样处理的微距照片清晰度有较大幅度提高，像质没有明显恶化。

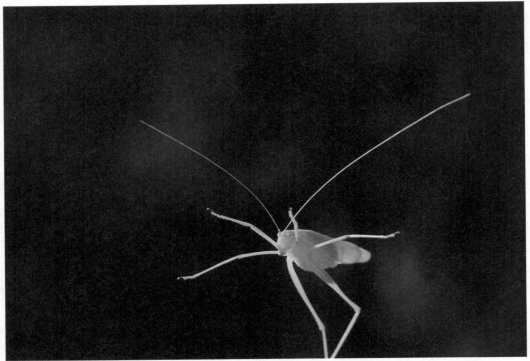

图 5-48　侧逆光拍摄,光圈 f11,A 挡自动,-2 挡曝光,蔡司 135mm 镜头,索尼 α900 照相机。

图 5-49　"家园"。摄于浙江临安,索尼 α900 照相机,蔡司 135mm 镜头,光圈 f/2,A 挡自动曝光。

图 5-50 "哨兵"。摄于浙江临安,索尼 α900 照相机,蔡司 135mm 镜头,光圈 f/1.8,A 挡自动曝光。

图 5-51　"蝶恋花"。摄于浙江临安,索尼 α900 照相机,蔡司 135mm 镜头,光圈 f/1.8,A 挡自动曝光。

第七节　资料翻拍、静物摄影

数码照相机的出现大大降低了摄影技术的门槛,过去要请专业人员才能完成的摄影任务,现在我们自己也可以完成。如资料翻拍、静物摄影等日常生活中经常遇到的现实问题,可以不再求人解决了。要将资料翻拍好,把文物、小品等静物的肌理、质感拍出来,需要注意以下几个方面。

一、器材和拍摄准备

1.照明光源

虽然自然光线下也可以进行资料翻拍、静物摄影,但我们很难对光质和照射角度进

图 5-52　摄影灯具可以让摄影师有效控制光质和光型，提高资料翻拍、静物摄影的拍摄效果。

图 5-53　太阳灯

图 5-54　影室闪光灯

行有效的控制，拍摄的效果总存在一些不尽如人意，如层次欠缺、有反光斑点等。如果拍摄时能有一套摄影照明光源，照片效果可以大大提高。

　　当前，我们常见的摄影灯具有便携闪光灯、新闻碘钨灯、"铁帽子"白炽灯、电子闪光泡、影室闪光灯、太阳灯等。拍摄效果以太阳灯和影室闪光灯最好。便携闪光灯体积小，重量轻，色温与日光接近，是平常生活摄影中最常用的摄影灯具，但一般得安装在照相机上且光功率较小，使用时容易产生反光，不适合资料翻拍、静物摄影；新闻碘钨灯、"铁帽子"白炽灯色温较低，当拍摄彩色照片时容易产生偏色；电子闪光泡价格便宜，色温接近日光，但光功率和光质不够完美。近年来较为流行，并被广告摄影界广为接受的是影室灯，它功率大，色温与日光相同，可方便进行聚光、柔光控制。不足的是曝光时运用脉冲光线曝光，造型与实际曝光时的光影效果有出入。对于一些特殊题材，经验不够丰富的摄影师有较大布光难度。最近三四年上市的太阳灯，较好地解决了这一难题，它亮度高，色温与日光相同，布光时的光影效果与曝光时一致，是较为理想的摄影灯具。但目前的市场价格比较常高，一盏灯动辄二三千元，一套灯具没有五位数往往搞不定，除了影楼和少数专业人士，对我们大部分业余爱好者只能是望灯兴叹。

　　近年来，我国的电子工业发展十分迅速，环保、节能产品日益吃香。节能灯的制造业

图 5-55　便携闪光灯和电子
闪光灯泡

图 5-56　节能灯泡

图 5-57　使用节能灯泡作光
源,采用不同的灯座可方便地
对光质进行控制。花五六十元
钱,到摄影器材市场买一只
"铁帽子"灯座,将节能灯泡装
入,可获得较硬的光质。

图 5-58　在"铁帽子"上套
上一个白纸筒可得到更硬
的聚光。

图 5-59　若花二三十元买
一只灯座和一把反光伞,则
可获得较柔的光,若在灯泡
前挡上一层描图纸则光线更
柔。

应运而生。电子节能灯泡有色温与日光接近,放光效率高、使用寿命长等特点。电子节能灯泡发光效率高,是普通白炽灯的 5~6 倍。一只 100 瓦节能灯的发光强度可以与近千瓦的碘钨灯匹敌。过去,由于技术市场的原因,常规的节能灯泡都只有一二十瓦。现在,随着大型会馆、超市等场所的照明需求,在民用灯具市场已能买到 50~100 瓦的电子节能灯泡。有了这大功率的灯泡做光源足以应付通常情况下的摄影需要。这些灯由于产量大、生产成本低,售价也不高,在杭州的灯具市场,一只 85W 的节能灯泡只要 70 元,配上灯架和灯头,一盏灯不足 200 元。用这种大功率节能灯泡做光源,比较适合用数码照相机进行资料翻拍、静物摄影。不足千元,就可以配置一套非常实用的摄影灯。

我们曾到灯具市场买了 46 瓦和 85 瓦的三基色节能灯进行了实拍,其色温比日光稍高,用日光型彩色负片拍摄不校色,色彩稍偏蓝,但经校色后色彩能得到良好的还原,实拍结果相当理想。这种灯具用于数码摄影,其色温与日光的差异不会对拍摄造成明显的影响,特别是进行了白平衡设置后,与日光下拍摄完全没有色彩差异。

46 瓦的灯泡其亮度达到 2760 流明。单灯拍摄,被摄体在离灯 1m 的地方,用感光度 200 的胶卷、f/5.6 的光圈,其速度可达 1/15 秒。如用多灯或 85 瓦的灯泡速度可进一步提高,其亮度也能满足一般情况下的要求。

（1）　阳光下拍摄的色彩。

（2）　用节能灯泡作光源，在自动色彩模式下拍摄的色彩。

（3）　用节能灯泡作光源，在手控白平衡色彩模式下拍摄的色彩。

图 5-60　阳光下拍摄和用节能灯泡作光源拍摄的色彩比较

2.三脚架、橡皮泥等附件

资料翻拍、文物、小品等静物摄影和微距摄影一样需要三脚架和快门线一类的摄影附件。通常情况下，资料翻拍、文物、小品等静物摄影一般都在室内进行，不像花卉微距摄影那样讲究机动性。因此，三脚架可以选重的，以提高稳固性。如果条件允许，翻拍资料时最好使用翻拍架。

拍摄瓷器、石雕、不锈钢制品时还要准备白色柔光罩、白纸片、黑纸片等物品。此外，摄影中还会用到橡皮泥、细铁丝、压书镇尺、小铁块、双面胶之类的小备件，用它们来固定和调整被摄物体的位置。在资料翻拍、文物、小品等静物摄影中这些小附件必不可少。

图 5-61　细铁丝是固定和调整被摄物体位置的材料，在资料翻拍或静物摄影中可顶一位助手。拍摄完毕后在软件中修调就可。

图 5-62　橡皮泥是固定和调整被摄物体位置的理想材料。

图 5-63 像水泥工匠那样,利用地球的引力实现画面的对中,既准确又方便。

3.照相机设定

对于体形比较小的静物、资料,拍摄时对照相机的设定同前一节的花卉微距摄影,建议要将照相机调到"微距"挡。对于体形比较大的静物、资料,也可以用"微距"以外的挡位拍摄,但光圈的设定要尽可能小,如 f/11 甚至更小,以提高照片的清晰度。

当用非自然光摄影时,还要根据不同的灯光类型,将照相机的快门速度设定到同步速度。

拍摄前要检查一下照相机图片质量的设定,图片的大小根据使用情况只要够用就行了,不要太大。而压缩比例不能太高,建议一般用"Fine"甚至"Tiff",这样才能保证将翻拍的失真降到最低。

资料翻拍、文物、小品等静物摄影中不要忘了做白平衡定义。用自动白平衡拍摄,一般情况下都可以获得比较准确自然的色彩。如果你对照相机的操作已经比较熟练,建议用自定义白平衡,这样能针对选定的光源做更精确的色彩校准。做完了这样一长串的准备工作,我们就可以进行拍摄了。

二、拍摄要领

1.资料翻拍

资料翻拍首先要注意的是页面的对中,偏差比较大时,被翻拍的资料将变形失真。专用的翻拍台设计上就考虑了固定照相机的底座在台面中心,因此,有条件的话在翻拍台上翻拍资料是最理想的。没有翻拍台也有办法实现照相机的对中,方法是:找一只钥匙或一小片比较沉的金属物体绑在一条细线上,从照相机镜头上挂下去,看看是不是在画面中心,就可实现照相机的对中。

其次,要将被翻拍的资料压平整,否则容易产生反光和压痕。这时压书镇尺、小铁块就派上用场了。对于一些卷曲的字画,用压书镇尺、小铁块会将画面遮挡掉,破坏画面的完整,这时可用双面胶来粘。但要注意:粘字画这面先用手指粘几下,用手指上的汗液降低双面胶的黏性,以免粘后撕不下来,损坏字画。翻拍一些比较薄的资料,拍摄时要用一张黑纸垫在所摄内容的下一页,防止后面字迹透过薄纸影响拍摄效果。要用比较斜的角度打光,防止资料表面反光,并注意整个画面的光照的均匀度。拍摄时注意照相机的平稳,同时要注意将镜头的取景框与资料的页边平行,方便后道程序的加工。

再次,当用自动挡进行拍摄曝光时,还要注意对不同的资料进行曝光补偿。文字的翻拍,通常情况下要增加一二挡的曝光补偿。而对一些比较暗的绘画则要减少一二挡的曝光。总的原则是白的资料要加曝光,暗的资料要减曝光,资料越白加得越多,资料越暗减得越多。曝光是否合适可以通过查看照片的"直方图"了解。

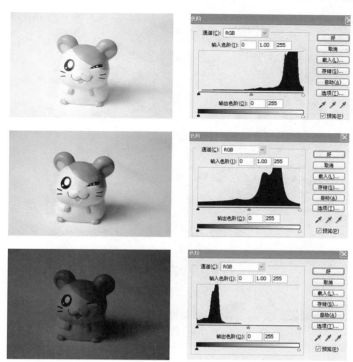

（1）　该"直方图"表示 照片中的高光层次缺少,曝光过度。

（2）　该"直方图"表示 照片的层次丰富,曝光正确。

（3）　该"直方图"表示:照片中的暗部层次缺少,曝光不够。

图 5-64　通过"直方图"查看照片的曝光是否合适。

图 5-65　斜角度照射布纹,其结构纹理的阴影会强化被摄体的质感。摄于浙江绍兴,尼康 D100 数码照相机、原厂 28~80mm 镜头,利用透过窗户的斜向自然光线照明,光圈 f/16,A 挡自动曝光。

图 5-66　采用侧射自然光强化被摄体的质感。尼康 4500 数码照相机光圈优先自动模
　　　　式拍摄。

图 5-67　采用顶光拍摄,较好地表现了被摄体的质感。如果改用顺光拍摄,就无法体现
　　　　被摄体的主体感。摄于杭州飞来峰,尼康 4500 数码照相机,光圈 f/11,A 挡自动曝光。

2.静物摄影

静物摄影的内容很宽泛，有珍贵的历史文物、小工艺品、生活必需品等。对于不同的物品和题材，拍摄时使用的器材、拍摄方式方法各不相同，运用的光线也不一样。限于篇幅，我们将静物分为三大类型做简单的拍摄介绍。我们根据物体的不同材质和观感，将静物分为：吸光体、反光体和透明体。

木雕、泥塑、铜饰、铸铁、橡胶、布料等物体属吸光体，它们的色泽暗、表面结构粗糙，拍摄时可用稍硬的光质照明。照射方位要以侧光、侧逆光为主，照射角度要斜。过柔的顺光，尤其是顺其表面结构纹理的顺

图 5-68　反光体要用柔和的光线拍摄，才能体现被摄体的质感。摄于浙江龙泉，尼康 4500 数码照相机，光圈优先自动模式，"+1"挡曝光补偿，用白色描图纸做了棚体，将瓷瓶放在棚体内拍摄。

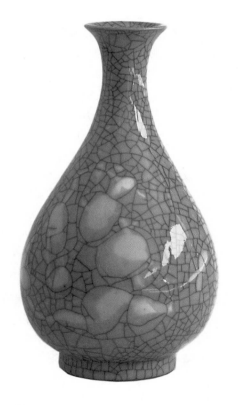

图 5-69　反光体和吸光体相混的被摄体看谁是主体来决定光线的软硬。

图 5-70　光质太硬，瓷瓶表面的反光太强烈。

图 5-71 不锈钢之类的金属是强反光体，要采用"全包围布光"的光线拍摄，才能不会有支离破碎的表面反光。摄于浙江武义，尼康 4500 数码照相机，光圈优先自动模式，"+2"挡曝光补偿拍摄。拍摄后对被摄体局部做了高斯模糊。

光，会弱化被摄体的质感。为了表现浮雕图案、泥塑、铜饰等的立体效果突出器物的形态，表现物体的质感，展现它们凹凸不平的图纹，可以用聚光灯、太阳光直射照明。这样凹凸不平的表面质地会产生投影，能够强化其质感表现。

图 5-72 玉器、石雕除表现物体形状外，主要展现器物上的图案花纹和细腻质地，以使用柔和光线为佳。当布光出现耀眼的光斑时，可用防眩光蜡膜喷剂消除。摄于浙江青田，尼康 D100 数码照相机，50mm 镜头，光圈 f/16，A 挡自动曝光。

不锈钢制品、金银器皿、陶瓷、玉石等属反光体，它们的表面光滑，反光性强。拍摄反光体的关键就是要解决好反光。根据不同的形态用不同的处理方法。物体的形态不外乎：平面、柱面和球面，这其中以球面和柱面的物体最难拍摄。因为平面的反光可以通过调整拍摄角度或利用偏振镜去除。而球面的反光角大，不但水平面反光还有纵向面的反光反射出拍摄的整个拍摄场景的现场光影，在物体上形成一些杂乱的光斑点，破坏画面完美。拍摄球面和柱面反光体通常要用柔光布或反光板围成一圈做个棚体。再在棚体上开个和镜头直径同样大小的孔，以便镜头伸进拍摄，这种拍摄方法叫做"全包围布光"。这种方法使被摄体几乎被棚体全部包围起来。棚壁可以用柔光布或白色描图纸，并用透明支架固定，被摄体由棚壁的均匀亮度照明。

另一种更简便的解决方法是对这类反光体的表面进行处理。照相器材商店有一种专用的防眩光蜡膜喷剂。喷到反光体表面可降低其反光率。使用时喷涂要均匀,把不该处理的地方用纸挡住。当然,也可以干脆利用它的反光特征,保留或故意制造反光,以表现物体的质感。

拍摄反光体一般不宜用硬光、直射光。直射光方向性强,光源的形状、方向、大小会直接在反光面上形成明显的光斑点。硬光虽然有利于表现物体本身的硬度及质感,但较难克服反光,所以如果不是故意制造反光效果,我们在拍摄反光体时尽量不用硬光,而选用散射光和柔光,散射光和柔光同样可以体现出主体空间感和质感。拍摄时要注意三脚架和摄影师是否在物体表面有映像,若有需要用黑纸遮挡或隐藏起来。

饮料、玉石、冰雕、塑料制品、玻璃器皿等属透明体,它们具有一定的透光性。这类物体通常采用逆光拍摄,以体现其质地。至于用硬光还是柔光要看具体情况。当它们受到来自逆光的照射时,因为这类物体既透过一部分光线也反射一部分光线,而它们的表面又能反射一部分光线,从而形成丰富的层次和肌理。根据物体的透明程度与反光程度,使用的照明方法有所不同。如果是通透性强的饮料、玉石、玻璃器皿,最好用比较硬的正逆光或侧逆光;如果是透明性不强但反光较强的塑料制品、玉石等,物体的质感则主要靠反射光照明获得,用比较柔的侧光拍摄,它的作用是明确物体的外形与结构,并形成一些微妙的反光。

拍摄透明体对背景的选用很有讲究。如拍摄玻璃器皿,玻璃本身是白色透明的,没有什么质感和肌理,很多时候我们拍摄玻璃器皿只需要营造出玻璃器皿体型的轮廓线就达到目的了。可以说大部分透明体的摄影作品其质感全靠背景来烘托。因此,拍摄透明体除了用心布光,背景的选择也要花心思。一般的法则是:白色的透明体要选暗的背景,彩色的透明体要选互补色的背景。

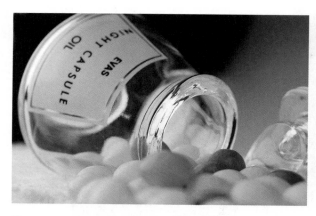

图 5-73 拍摄透明体宜用暗的背景,营造出简洁的画面。张明拍摄于浙江林学院,尼康 D1X 数码照相机、原厂 50mm 镜头,光圈 f/8,快门速度 1/125 秒。

图 5-74 平面的文物最好采用俯拍,例如字画、简牍、金银饰片、玉器、丝织品等,这些文物主要表现文物上的文字和图案,宜用均匀的平光拍照。

三、后期处理

1.变形校正

翻摄时没有对中,拍摄时角度不正和照相机镜头的畸变都会导致被拍摄的物体形状失真。要被拍摄的影像保持与原貌的一致是资料翻拍和静物摄影必须遵循的原则,文物摄影和字画资料的翻拍尤为重要。对于轻微的变形校正,用数码方法比较容易。由于没有对中或拍摄时角度不正产生的形变,可以用Photoshop的"扭曲"功能来达成,具体步骤是先将画面全选(可用快捷键"Ctrl+A"),再从菜单"编辑/变换/扭曲"进入,调出变形校正对话框,通过推拉变形校正框的边角,满意后按"Enter"键实现变形校正。由于照相机镜头原因导致的形变,则从菜单"滤镜/扭曲/挤压"进入,调出对话框实现变形校正。使用了这些校正方法后都会降低影像的质量,而且也只能在一定程度上改善形变。因此,在拍摄时就设法克服形变是最好的方法。

2.切割和亮度调整

翻拍和静物摄影中难免会留下一些缺憾,如边框没对齐、亮度偏差等。因此,拍摄后

对这些图片进行切割和亮度处理是十分必要的。如还想将翻拍文字资料转变成文本,最常用的软件是汉王识别 (OCR) 软件,通过该软件可以对图片中的中、英文进行识别,将图片转化成文本。这种情况下对图片进行切割和亮度调整后,可以大大提高文字识别软件的成功率。 图片的切割用Photoshop工具盒中的剪切工具,亮度调整的具体方法和步骤参见第6章。

（1） 原图

（2）步骤1

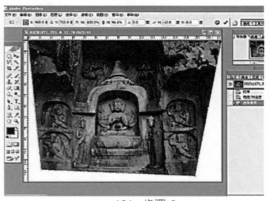

（3）步骤2

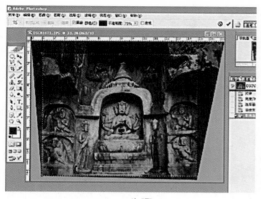

（4）　步骤3　　　　　　　　　　　　　（5）　调整后的效果

图 5-75　拍摄时由于地形所限退不出去,只好仰拍,拍摄后通过图示的三个步骤将失真校回。

3.修补和锐化

　　有些古老的文物、字画等资料本身可能就有一些残缺。学会一些修补技巧是翻拍和静物摄影的基本功。比较常用的方法和步骤是第 6 章将要介绍的"橡皮印章"工具和"复制"、"粘贴"法。工具是死的,最重要的是我们要有想象力,通过已有的画面推测出缺少的部分是什么。

　　资料和静物被翻拍后清晰度会有所损失，要获得比较好的效果往往要对拍摄后的照片进行锐化处理。处理方法与上一节"花卉微距摄影"中的"照片的锐化处理"相同。

图 5-76　摄于四川九寨沟,理光 KR-7 照相机,腾龙 70~210mm,F3.5 镜头。光圈 f/16,快门速度 1/60 秒,使用了单脚架。

图 5-77　摄于加拿大 Fairmount,佳能 EOS60D 数码照相机,原厂 28~80mm 镜头。光圈 f/11,快门
　　　　速度 1/250 秒。

图 5-78　摄于四川九寨沟,理光 KR-7 照相机,腾龙 70~210mm,F3.5 镜头,光圈 f/16,速度 1/30
　　　　秒,使用了单脚架。

图 5-79 摄于西藏日喀则,光圈 f/2 速度 1/5000 秒,光圈优先自动曝光,蔡司 135mm F1.8 镜头,索尼 α900 照相机。

图 5-80 摄于西藏,光圈 f/9 速度 1/500 秒,光圈优先自动曝光,曝光修正+0.3 挡,蔡司 24~ 70mm F2.8 镜头,索尼 α900 照相机。

图 5-81　王艳摄于安徽绩溪,光圈 f/8 速度 1/160 秒,光圈优先自动曝光,曝光修正-1 挡,索尼 18~70mm F3.5~5.6 镜头,索尼 α200 照相机。

图 5-82　摄于西藏山南,光圈 f/10 速度 1/640 秒,光圈优先自动曝光,蔡司 135mm F1.8 镜头,索尼 α900 照相机。

图 6-83 摄于西藏林芝, 光圈 f/2.8 速度 1/2500 秒, 光圈优先自动曝光, 蔡司 24~70mm
F2.8 镜头,索尼 α900 照相机。

图 5-84 摄于浙江安吉,光圈 f/8 速度 1/250 秒,光圈优先自动曝光,曝光修正+2.67 挡,尼
康 70~200mmF2.8 镜头,尼康 D100 照相机。

第六章 ▶

数码图像处理技法

第一节　常用的图像软件

数码摄影的最大优势就是能用软件程序在拍摄后对图像进行再加工，进一步提升图片的视觉和艺术效果。近年来,随着电脑产业的发展和数码摄影技术的进步,图像编辑、管理软件产业也十分兴盛,这些软件的功能越来越完善,使用越来越简单,分工越来越专业。

目前图像编辑处理软件市场可谓百花齐放、百家争鸣。市场上常见的图像编辑处理、管理有关的软件有近四五十种,网络上还经常可见一些名不见经传的新软件问世。有外国大公司编制的,也有国内发烧友个人研发的;有免费的,也有价格不菲的。

与图像有关的常用软件主要分为两大类:一类是图像编辑处理软件——能让使用者对图像进行加工、处理和创意制作。图像处理软件的基本功能一般都包括剪裁、图像旋转、调整亮度、反差、色调、添加文字、进行文件格式转换、施加特殊效果等。高档功能有批处理、图像文件压缩精度控制、步骤录制功能和其他一些针对网络的功能等。一般来说一个软件功能越齐全,界面就越复杂,掌握难度就更大,相对来说价格也就越高。

图像处理软件因此可按功能多少、效果调节精度、界面友好程度和价格高低分为入门级、业余级和专业级。入门级图像处理软件一般都面向普通群众或初级摄影爱好者,图像处理功能有限,价格便宜,界面友好,通俗易会。入门级软件常将一些挺复杂的处理程序做成简单的按钮,如做立体字,只要一按效果钮就可完成,有的还有很多效果模板,只要点击几下鼠标就能制作出奇妙有趣的特殊效果来。

业余级软件既有一些类似专业软件的强大功能,又有入门级软件的友好界面及易学性,因

图 6-1　最经典的图像处理软件:Photoshop

此最适合于业余人员及公司、企业和政府机关使用。

专业软件一般来说功能齐全,界面复杂,掌握难度很大,相对来说价格也很高。因为它们性能稳定,功能强大,因此广泛地被专业图像设计和印刷单位采用。

另一类是管理软件,能显示某个目录下的图像档案的小样、将所有图像按使用者设定的间隔时间作幻灯片播放、将文件删除或转移到另外的文件夹或子目录里,但除了对图像进行横竖画幅翻转等简单的功能外,一般都不能作对文件有永久改变的处理。

作为普通摄影爱好者,我们不可能也没必要去搞懂这么多的软件。根据自己的需要和兴趣爱好,选最常用的一二种图像编辑处理或管理软件作初步的了解和掌握一些基本的使用方法,就足以应付一般的图片处理了。

当前比较常用的六种图像编辑和管理软件:

1.Photoshop

Photoshop 是最常用的图像处理软件,也有人称之为"图像大师"。它对图片的处理功能非常强大,包括众多的选择工具,图层和色彩频道能使用户对画面的不同部分、不同层面和色彩频道做不同的色阶、色相、对比度及饱和度调节。它还有蒙板和路径等功能的设计,能让用户得心应手地隐藏和显现画面所需的部分。

Photoshop 有 100 多个滤镜,可以对图像进行锐化、模糊等效果的处理。它实际上是个图像编辑的操作平台,除了自带的滤镜外,还兼容其他厂家开发的插件,功能几乎可以无限制地扩展。

和其他很多图像处理软件相比,Photoshop 有很多特有的功能,如多种色彩模式、色彩管理和兼容的文件格式数量。Photoshop 几乎支持现行所有的色彩模式和图像文件格式,其色彩管理是所有图片编辑软件中最先进的。色彩管理功能是专业图像编辑和印前处理必备的功能, 它的主要作用是使用户在很大程度上能保证在一个屏幕上看到的色相、色阶、饱和度和对比度能在另一个屏幕上忠实地显示或在各种打印设备上打印出来。

2.ACDSee

ACDSee 是目前最流行的数码图像管理软件,它能广泛应用于图片的管理、浏览和优化。我们要用电脑看图就需要用该软件。你可以使用 ACDSee 从数码照相机和扫描仪上高效获取图片,并进行便捷的查找、组织和预览。同时,ACDSee 能快速、高质量地显示图片,再配以内置的音频播放器,我们就可以观赏它播放出来的精彩幻灯片了。ACDSee 还能处理如 MPEG 之类常用的视频文件。

3.CorelDraw

CorelDraw 是 Corel 公司出品的图形制作软件,它既是一个大型的矢量图形制作工具软件,也是一个大型的工具软件包。

CorelDraw 不仅可以处理图片,还支持对文字的处理加工。它也是文字排版工具之一,是绘图、制作名片、印刷出版中常用的软件。

图 6-2　摄于美国夏威夷,佳能 EOS60D 数码照相机,原厂 28~80mm 镜头,光圈 f/16,A 挡自动。

4.PowerPoint

PowerPoint 是幻灯演示文稿的制作、播放软件。使用该软件可以方便地将各种数码影像、文字注释、声音编辑成一幅幅连续播放的幻灯影片。操作简单、容易掌握、文件量小是该软件的最大特点。教学用的课件、会议用的演示资料等常用该软件制作。

5.Album Builder

这是一款用于图片管理和浏览的软件,可以将大量杂乱的图片做成电子影集,可以使你能够方便地对图片进行分类管理、快速地浏览和查看。该软件具体功能有:①为不同的图片建立不同影集,便于分类保存、浏览。②对于影集中的每一张图片,都能自由设定主题、描述、日期等文字描述。③在将图片制成影集的同时可以为图片保存一个备份,防止珍贵的图片丢失或损坏。④可以以多彩多姿的特效变换进行浏览。⑤只用一个数据文件记录所有的影集的信息等功能。

6.我形我速

"我形我速"是友立公司出品的图形处理软件,通过它可以从数码照相机或扫描仪中高效地获取相片,可以通过编辑工具和出色的摄影滤镜和效果来编辑和改善图像。该软件集成了创意相片项目,并可以将结果通过电子邮件或多种打印方式分享给他人,集图形加工、Internet 功能、创造性效果、制作相册等功能为一体,操作简单,界面友好。

以上仅列举了最常见的六种图像编辑软件和管理软件,除此之外还有大量可以用于图像的编辑和管理的软件,有兴趣的读者可以去再作深入了解。

第二节　Photoshop 界面简介

Photoshop 是 Adobe 公司出品的图像处理软件,是目前市场上功能最强大, 也是最为流行的图像处理软件。它的界面包含的内容比较多,看起来比较复杂。通过归纳分类,Photoshop 界面上的内容主要是三个大块。读者只要初步了解三大块特点,再通过一段时间的摸索和实践,用 Photoshop 处理图像就会很快上手。

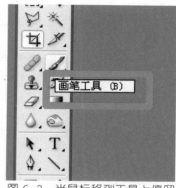

图 6-3　当鼠标移到工具上停留片刻,便会弹出工具的名称。

受篇幅限制,本书只对 Photoshop 作梗概式的介绍,需要进一步深入学习的读者可以参看专门介绍 Photoshop 的书籍。另外 Photoshop 软件上的"帮助"功能也可以解决一些学习上的困难。当你将鼠标移到一个工具上停止几秒钟不动时,鼠标处会出现一个黄色方框显示工具的名称或菜单的内容。知道这个名称后,读者只要到"帮助/帮助目录"下输入这个关键词,有关这个工具的所有细节就都能找到了。

Photoshop 的界面主要有三个组成部分。在屏幕上方的是主菜单,另外两部分是可以由用户移动的,一般的起始位置是总工具盒在屏幕的左边,各种面板在屏幕的最右边。面板不但可以自由移动,还可以单独或整合在一起。

图 6-4　Photoshop 软件界面的三大组成部分

一、主菜单

主菜单里有 "文件"、"编辑"、"图像"、"图层"、"选择"、"滤镜"、"视图"、"窗口"、"帮助"九个选项。在每个选项下又有多个次选项。次选项边上要是有三角包,那么下面还有选项。"文件"选项主要有三个功能,文件的打开、存储、退出,批处理和文件格式的转换。"编辑"选项和其他文字处理、排版和绘图软件的编辑项相似。"图像"选项是影像处理中最有用的菜单。在这个选项下可以进行色阶、色相、色彩饱和度和反差的调节。画面整体的旋转、图像和画布大小、图像内在分辨率的改变也在这里进行。"图层"部分主要和有多个图层的图像有关,若图片只有一个图层则好多次选项都会发灰而不再起作用。这选项下的很多个次选项都和图层面板里的选项是重复的。"选择"选项里除了全选和色彩范围

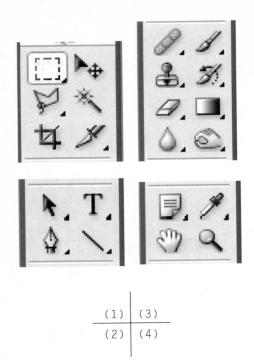

(1)（3）

(2)（4）

（1）这几个是选择工具。它们是处理图片最关键的工具。颜色、明暗、显示或隐藏的处理都要通过选择来达到局部、精确的控制。也许正因为如此才把它们放在最上面。

（2）这组工具是用来产生矢量图形以产生线径（Adobe 的标准译法是"路径"，很容易造成误解）选择，或往图片上添加文字。

（3）这组工具会产生新的像素或拷贝已有的像素来覆盖原画面，从而改变原来的图像。如喷枪、画笔、油漆桶等工具会往画面上添加颜色；复制图章和历史记录画笔会将不同时间、空间上的像素覆盖到画面上；模糊、锐化和减淡、加深等工具则通过改变像素的特性来改变画面效果。

（4）这几个工具不会对图像产生变化。在上方的注释工具是 6.0 版后增加的，可以往图片上用声音或文字添加注释，这个工具在多人合作处理图像时特别有用。抓手工具几乎没有什么用，用快捷键（按下空格键）代替要快得多。要是有中间滚轮的鼠标，则缩放工具（放大镜）也没有用，向下转动滚轮图像会缩小，向上放大，比按工具钮要快多了。

图 6-5　Photoshop 中各工具的作用

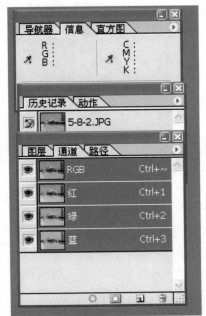

图 6-6　面板包含图层面板、通道面板、导航器面板等内容。

外，其他选项都是供修改选区用的。"滤镜"主要是提供附加效果，如使画面近似绘画，或添加纹理等。因为这些滤镜效果很直观，读者只要打开一张照片往上施加一次就明白了。"视图"的放大、缩小等功能和工具盒里放大镜的功能相同。显示标尺等工具是专门为版面设计时定位和计算尺寸用的。校样设置和预示功能可以让用户看到输出色彩模式下图片的效果，要是颜色超出了输出模式的色域还会有警告。"窗口"的功能主要是用来显示或隐藏各个面板。至于"帮助"，通过它可以查阅各个工具的功能或使用某个功能的步骤。

二、工具盒

Photoshop 的工具盒是处理数码图像中使用频率最高的工具。其功能比较直观，看看图标便可猜出几分。工具盒里凡是右下方有三角包的工具都有多个另外的工具隐含在按钮下。将鼠标单击按下不动，其他工具就会显示出来。这时将鼠标拉到其他工具上，按钮的图案就变成所选的新工具了。

三、面　板

Photoshop 的面板包括图层面板、通道面板、路径面板、信息面板、历史记录、动作面板、调色板等。这些功能有的与菜单上的重复，单独设置这些面板为的是让操作更直观、更方便。

第三节　亮度和反差的调节

控制亮度和反差作为补救前期曝光的失误的方法，是在后期处理图像中用得最多的手段，也是处理图像的基本功能。我们知道，数码点阵图是由不同亮度的点组成的，每个点的亮度值都在 0~255 之间。在理论上，要将某个像素变亮只要将其数值提高就行，反之则变暗。数码摄影的这种灵活性因而常常能使废片起死回生，化平淡为神奇。根据上述的原理，Photoshop 提供了多种渠道来控制和调节图片的亮度和反差。

一、"亮度/对比度"调节法

"亮度/对比度"是 Photoshop 里最基本的亮度调节方法。此功能在"图像/调整/"菜单下，界面直观。在对话框中将滑块向右拉就增加亮度，反之就减少。对比度的调节也一样。这个方法的缺点是其调整度都是等比例的，如调高了低光部的亮度，高光部的亮度也等比例增加，这样高光部的细节很可能就丢失了。而我们一般要调整图片的亮度都是因为某部位太亮或太暗，当我们只想调节一个光亮部位的亮度而不想改变其他部位的亮度时，这个方法就不适用了。于是 Photoshop 提供了色阶调整功能。

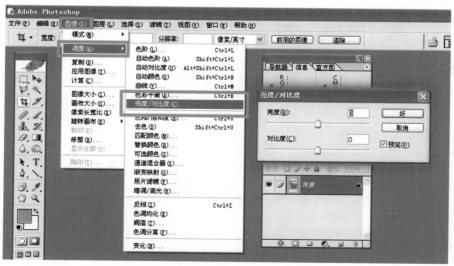

图 6-7　"亮度/对比度"处理过程

二、"色阶"调节法

"色阶"功能在"图像/调整"菜单下,它比"亮度/对比度"要灵活得多。首先它将图像分成高光区,中等亮度区和低光区,三区可以独立调节而不会太大地影响其他区域。在色阶调整界面上,左边的黑三角①代表低光部,右边的白三角②代表高光部,中间的灰色三角③代表中间亮度区,移动它们,"输入色阶"上的数字就会变化。0 为全黑,255 为全白。左边④显示低光部的数值,如这个框里的数字是 10,这就表明图片上目前亮度在 10 以下的像素在调整后就都变成 0 了;右边⑥显示的是高光部的数值,如果此框里显示的数值是200,说明画面上目前是 200 以上亮度的像素在调整后都要变成 255,即全白了。移动黑和白两个三角就意味着将黑和白定到所设置的亮度值上。中间⑤是中等亮度区的数值,这个数字和其他两个不一样,它在 0.10 到 9.99 之间,是图片的 gamma 值。此值在打开界面时总是显示 1.00,向左移动灰三角时,gamma 值增大,除最高光和最低光部外,其他部位的亮度都增加,因而效果上是使画面的整体亮度提高;向右移动灰三角时效果相反。左右移动对最低和最高光部都不会产生很大的影响。

在预览上面的三个滴管和三个三角包功能有些相似。左边的黑滴管将所点的区域变成最低光区(全黑),右边的白滴管将所点的位置变成最高光区(全白)。这样,选取黑滴管后如用它去点击一处亮度为 60 的部位,那么全画面 60 以下亮度值的像素都变成全黑了。而用白滴管去点击一处亮度为 200 的像素,那么原来 200 以上亮度的像素都变成全白 255 了。因此不要用黑色滴管去滴很亮的部位或用白色滴管去滴很暗的区域,否则会使画面太暗或太亮。黑白两个滴管在改变 RGB 三色亮度值的时候会考虑原来三色通道的比例,所以调整后色调不大会产生大改变。

而灰色滴管就不一样了。它先将所点击处的三色亮度值平均,然后将三色的值都变成此值,这样,若原来有一个色彩特别突出的话,调整后画面就带上了与此相反的色调。所以,在用灰色滴管的时候要小心,事先一定要通过"窗口/显示信息"打开信息面板,看看采样点的 RGB 三色数值是否大致相同(若数值完全一样就是标准灰色),否则就要产生偏色。输出色阶和亮度/对比度调节一样,将黑色三角包往右拖使整个画面亮度提高,往左拖使整个画面亮度降低。

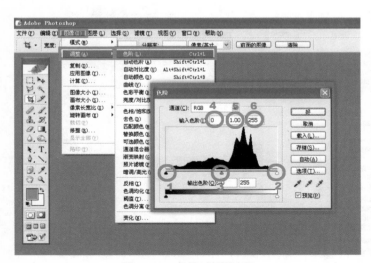

图 6-8 "色阶"处理过程

（1）　原图:杭州西湖,尼康 950 数码照相机,光圈 f/16,A 挡自动曝光,"−1"挡曝光补偿。

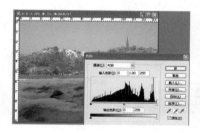

（2）　若灰色滴管不在中灰地方而在黄色的树叶上采样，会导致调整后的图片偏色。

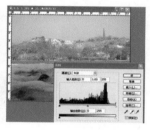

（3）　灰色滴管在蓝色天空上取样，结果整个画面偏黄。

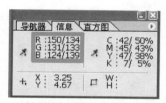

（4）　若黄色滴馆在黄色的枯叶上取样,从信息面板上可以看出第二幅图 6-9(2)采样点原来 RGB 三色的亮度值分别是 150、131、124,调整后变成了 134、133、139,红黄被减弱、蓝被加强,所以画面更偏冷色调。

图 6-9　杭州西湖,"色阶"调节法的举例说明

三、"曲线"调整法

要是说"色阶法"比"亮度/对比度"进了一步,那么曲线的功能又要比色阶更胜一筹。曲线在"图像/调整"菜单下。它是真正能让使用者随心所欲地更改任意一些像素的亮度值的工具。和色阶一样,曲线可以更改综合色道或单独色道的亮度。三个滴管和"自动"的功能也和色阶里的一样。

进入曲线界面时这条 45 度的曲线有些令人不解。其实横坐标表示现有的亮度值,纵坐标表示你想要将其变成的亮度值。打开界面时的缺省值是,横坐标里越往右越亮,纵坐标越往上越亮,但是可以通过点击图中方框里的三角包来改变方向。不过为了和色阶一

（1）　原图：尼康 D100 拍摄　　　　　　（2）　经过曲线调整，茶花色彩得到改善

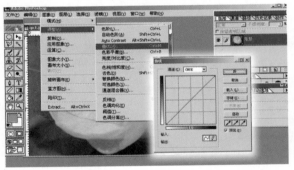

（3）　从"图像/调整/曲线"菜单进入，调出曲线对话框　（4）　通过曲线调节，可以获得与原图截然不同的色彩

图 6-10　曲线调节法的使用

致，左黑右亮，不改为好。这样不改变任何值的时候曲线就保持 45°，要想改变某一个亮度位像素的亮度就得先在曲线上定一个点，然后通过光标移动箭头或鼠标将点在纵坐标上上移或下移。比如茶花的阴暗区太暗，想要将阴暗区亮度值为 50 的像素变成亮度值 100，而高光区不做这么大的变动，这时就可将亮度为 190 的像素变成 230。经过这样的曲线调整后，茶花的反差和色泽都得到了很大的改善。

　　在色阶里，移动灰色三角包只能改变中间层次的总体亮度，而不能更改某个亮度区的像素。这样，不但控制精度不够，且要使局部的亮度反转等"高难度动作"也就不可能了。而曲线使每个点的亮度改变都相对独立，因而除了常规的调节外还可以制作出一些很酷的效果，曲线的功能因此比色阶要强许多。

　　"曲线"、"色阶"和"亮度/对比度"一个比一个更灵活、控制性更强。因为前者基本上都包括了后者的功能，实际上只要用了曲线，就没有必要用其他两个了。Photoshop 之所以这样设计可能是基于使用者对界面熟悉程度和使用习惯的不同提供了多种选择。

第四节　色彩的校正

除了黑白的层次变化,色彩也是重要的图像构成成分,但很多时候拍摄的图像色彩效果会有偏差。原因有很多,比如拍摄时场景中色温偏差、曝光不准,如果是传统照片还会因为冲洗过程中药水不纯或温度控制不严,以及扫描仪偏色等引起图像出现偏色。要校正数码影像的色彩偏差,Photoshop 提供了多种选择。

一、色彩平衡法

色彩平衡在"图像/调整"菜单下,进入界面后,用滑块对高光、中间色调和阴影三个亮度层次调色。偏什么色就将滑块往反方向移。在色彩平衡对话框里,不管图像所使用的色彩模式是什么,上面的三个方框始终表示的是红、绿、蓝,而下面的六个相对的颜色正是 RGB 和 CMYK 的两个色彩模式的原色。

二、变化法

Photoshop 的"变化"界面也提供色彩和饱和度的调节,这个功能在"图像/调整"菜单下。色彩调节根据所选的调节幅度提供在高、中、低三个亮度区的预览。

变化的原理和色彩平衡一样,是通过对高、中、低三个光强度部位由三个色道的调节来达到总体色彩的变化。和色彩平衡不同的是,它不提供数值,而只根据用户提供的调节精细粗糙程度给出调整后效果的预览(见图 6-12)。它的好处是用户在输入数据之前就可以观察到可能的效果,这样帮助用户选择所需的调节通道和程度。所谓"有比较才能有鉴别",色彩的差异通过面对面的对比最容易看出,所以这个界面对进行细微色彩调节非常有用。

（1）　原图:在日光灯下拍摄,照片有些轻微偏绿

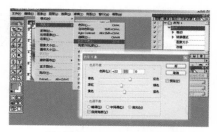

（2）　从"图像/调整/色彩平衡"菜单下调出色彩平衡对话框

（3）　通过调整后色彩更偏暖色,生日的氛围更加温馨

图 6-11　色彩平衡法的使用

图 6-12　变化功能提供效果预览,以便用户选择最佳效果

　　在变化界面下,单击一个中意的预览图,这个效果就应用到原图上了;要是百选不中,可以通过单击原稿使预览图复原到起始状态重新开始。调节的程度可以通过调节精细、粗糙之间的三角包来控制。三角包越往右调节幅度就越大,预览图之间的变化和差别就越大,反之就越小。点击饱和度就变成饱和度的调节,预览图只剩下三个,这时"变化"的功能除可事先观看效果外,和"色相/饱和度"下调节饱和度没什么两样。要是预览图上出现某个色彩的色块,说明那个区域的那个色彩值已经调到极限,不能作进一步的调节了。在变化界面里,只要有一定的耐心和时间不断调试,就一定能获得满意的效果。

三、饱和度的调整

　　彩色摄影中受天气条件、拍摄器材的影响,时常会使拍摄到的照片色彩灰暗,缺乏力度。这在传统摄影中是很头疼的事情,因为传统摄影的一些技法虽然可以改变色彩,也可以调整密度,但无法提高色彩的鲜艳度,即色彩的饱和度。数码摄影利用 Photoshop 则可以方便地解决这一难题,从"图像/调整/色相/饱和度"菜单中进入,调出饱和度调节面板,通过移动滑块对"色相/饱和度"进行调节。滑块向右移是提高色彩的饱和度,若色彩太浓艳,就将滑块往反方向调。改变饱和度需要注意"度"的把握,饱和度提得太高会超出色域,损失图像的层次并增加噪点。

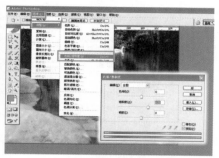

（1）　原图:色彩比较沉闷　　　　　　　（2）　从图示菜单进入

（3）　最后效果

图 6-13　色相/饱和度的使用

四、局部无色

　　有时为了突出主体往往要将局部的色彩饱和度降低或提高，要是把饱和度降到了零,那就成了局部无色了。当背景颜色抢眼时,通过局部降色能起到淡化背景的功效。在Photoshop 里有一个专门的工具,即海绵工具,能很简单地将所点击区域的颜色吸收掉,不过用这个工具的一个副作用是它会将画面的反差降低,如果画面大,就要点击很长时间才能做好。所以大面积的降色不如先做选区,然后用"图像/调整/去色"来得快。但是后者也有一个缺点,就是选区很难调节,事先又不能观察效果,所以做起来有一定难度。

（1） 处理过程

（2） 原图：尼康 D100 拍摄

（3） 局部无色处理后的效果

图 6-14　照片去色处理的使用

第五节　图像的修改

摄影创作活动中，往往会有一些电线或人物等无关元素进入画面，造成视觉干扰，影响画面效果。最好的解决办法就是能将这些东西修改掉。而数码摄影最吸引人的就是它的修相能力，它不仅能对缺损或不完美景色进行复原或美化，还可以通过添加或删除细节创造新的场景。Photoshop 有多种工具和菜单能帮助我们实现这一目标。下面列举几种常用的方法。

一、去除杂乱背景

Photoshop 工具条中的仿制图章，仅仅一个克隆功能，就可以改变照片的全貌，创造出非同寻常的效果。克隆就是拷贝，就是把画面上一个地方的像素拷到另一个地方去。就这么小小的一个仿制图章，盖来盖去能盖出扭转乾坤的大效果来。从去除小小的斑点，到给人改头换面它无所不能。

1.仿制图章

用仿制图章去除杂乱背景非常有效。在复制时，要不断根据图像具体情况改变仿制图章的不透明度和大小。在总工具盒上选择仿制图章后按下 Alt 键点击一处，那处就成了克隆像素的来源，然后将鼠标移到所需的地方点击，被克隆的像素就移植到了新的地方。另外，克隆的来源可以是本图也可以是打开的另一张图片。

2.局部拷贝和多种方法并用

用拷贝一部分景物和仿制橡皮图章同时使用进行景物改造，可以获得非常自然的效果。这里就不再举例子，读者可以自己去尝试。

3.模　糊

景深控制是摄影中的一大技巧。摄影师可以通过控制景物的清晰和模糊来强调或弱化它，模糊因此也是去除杂乱背景的方法之一。在 Photoshop 里模糊有多种办法，但控制效果最好的是高斯模糊。在下面的例子里我们不但用模糊方法来去除杂乱背景和斑点，还用它来模仿景深。因为照片是用标准镜头拍摄的，而照相机的最高快门速度又只有 1/1000 秒，没法拍摄出长焦镜头那么短的景深，所以只能通过 Photoshop 里的模糊功能来模仿。

模糊效果完成后放大了看会有些不自然，这是因为传统照片上有胶卷的颗粒而数码照片上有数码噪点，被模糊掉的部分就没有这些颗粒和噪点了，所以还要进一步添加"人造"颗粒。这样模仿的景深效果会更真实些。

（1） 原图:天上有电线,地上有手推车等杂物

（2） 用仿制图章工具修掉天空上的电线

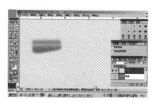

（3） 复制一块干净的地面

（4） 贴后盖掉杂物

（5） 修改后的照片变得干净整洁

图 6-15　局部拷贝与仿制图章同时使用后获得的画面

图 6-16　大光圈，浅景深效果。摄于绍兴安昌镇，尼康 D100 数码照相机,原厂 80~200mm 镜头,光圈 f/2.8, A挡自动曝光,背景做了高斯模糊。

二、校正歪斜地平线和透视

　　一般有经验的摄影师在拍摄有地平线的景物时,不太会因为照相机拿不平而把地平线拍歪斜,但是地平线不只是因照相机拿不平才会歪斜,要是照相机的焦平面和被摄体的正面不平行也可导致地平线不平。数码摄影里的简单校正办法和传统摄影里一样,就是忍痛割爱,沿地平线平行裁剪照片。在 Photoshop 里的滴管工具下有个度量工具,用这个工具可以将照片沿地平线拉直。选择"图像/旋转画布/任意角度",在出现的对话框里就会自动出现要旋转的角度。这时只要按"好"，Photoshop 就会自动将图片旋转到地平线水平的角度，接着用矩形选框工具或裁切工具将画面选择、裁切就行了。

如图 6-17 该图片因为照相机不是正面对房子而使地平线歪斜，经测量，斜了6.23度,注意：在测量时将度量工具沿地平线拉直延伸得越长丈量出的角度越准确。

拍摄该图时，为了将远处的景物拉到画面里，我不得不将照相机持成和前景不平行的位置，这样，拍出的照片用上面的方法校正，要么是远处的地平线不平，要么是近景的广场边沿不水平，这是因为它们两个物体不平行的缘故。在传统摄影里，这是要用透视校正镜头或皮腔照相机才能解决的问题，而在后期加工上，如果两个水平线条的汇聚不是很明显，则可以在放大时倾斜相纸挡板进行校正，但是挡板不能倾斜得太厉害，否则超出了放大镜头的景深，照片一边就模糊了。

在 Photoshop 里，这个难题可以用透视控制来完成，从"编辑/变换/扭曲"菜单进入，调出控制面板，通过推拉控制块达到理想效果后，按回车键，再用剪切工具剪掉边缘多余的部分，这样地平线歪斜就校正好了。但用透视控制来处理后会损失图像的细节层次并增加噪点。

（1） 原图

（2） 经地平线校正后的效果。

（3） 处理过程

（4） 地平线校正、剪裁过程

图 6-17 照片进行地平线校正、剪裁的效果和处理过程

三、锐 化

在一些画册刊登的黑白肖像照片上,老人或非洲难民脸上的毛孔、干树皮般的皮肤由于丰富的层次和超高的清晰度曾给我们留下了深刻印象,所以说照片的锐度往往是使其抢眼的取胜法宝。

在传统摄影中,只有在拍摄或制作中加朦胧镜将照片变朦胧,而没有将模糊的照片变清晰的"法术"。如果要得到高清晰度的照片唯一可以做的就是在拍摄中换更好的镜头和用更佳的光圈,但这也是拍摄前的事,一旦照片已经拍摄,那也是木已成舟。Photoshop却有这样的魔力,它通过对图像上像素的运算,重新排列图像的像素,使照片变得更清晰,这一技法就是锐化。

图像锐化时清晰度确实是有了较大的提高,但图像的层次感会减弱,颗粒和噪点也会增加。所以在进行图像的锐化处理时,最好新建一个图层,保留原来的图层,锐化在新建的图层上做,这样不会对原图产生任何损害,若效果不好只要去掉这个新建的图层即可。

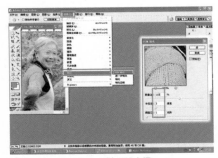  

（1） 处理过程　　　　　（2） 原图　　　　　（3） 锐化后的效果

图 6-18　照片锐化的使用

图 6-19　在雨后的早晨,利用云层缝隙中的一束光线,将平常的山丘拍成像一位仰卧的少女, 挺有趣味。摄于浙江松阳,尼康 D100 数码照相机, 原厂 28～80mm 镜头,光圈 f/16,快门速度 1/60 秒,用了三脚架。

第六节 动态范围不足的后期补偿

数码摄影创作中经常会遇到下面两种情况：一是被摄主体上颜色相近但又区别明显的部分被拍摄成完全一样的颜色；二是景物的亮度也同时失真。要是拍摄多级灰阶的话，相邻的灰阶被强行合并，这使得光比很大的场景很难在同一画面上保留高光部和低光部的细节，这就是数码照相机动态范围不足。常规的模拟胶卷也存在同样的问题，也正因为这个问题我们才要使用各种曝光技巧，使本来亮度范围很大的景物，压缩记录到亮度范围有限的胶卷里去。

传统胶卷负片能涵盖约 10 级曝光量，理论上说大约相当于数码的每频道 10 位色深。但实际上就是使用只能涵盖 7 级曝光量的反转片拍出来的效果也要比数码照相机拍摄的效果要好得多，特别是色彩还原方面。所以目前用数码照相机，特别是非专业的旁轴小型机种，拍摄的照片往往都要经过后期处理后才能达到常规负片和反转片的效果。

要是存储卡容量比较大，用数码照相机拍照尽量用 RAW 格式拍摄。因为大多RAW格式都支持每频道 12 位以上的色深，所以能记录的色彩和亮度范围都要比 JPEG 和 TIFF 格式要大。如佳能的 RAW 格式，每频道支持 14 位，即能区分 ($2^{14} \times 2^{14} \times 2^{14} = 4398046511104$)种颜色！也就是说这种格式本身的动态范围，要是不算感光器件的动态范围的缺陷的话，已经远远超过常规模拟胶卷动态范围了。因为 Photoshop CS 的大多数功能都支持每频道 16 位，用 RAW 拍摄的影像在 Photoshop 里处理完毕后再转换成 JPEG等格式比直接用 JPEG 格式拍摄要好很多。这是前期做法，但如果前期没有使用这些方法，又如何对数码照相机动态范围不足来进行后期补偿呢？

（1） 肉眼观察模拟效果

这是 2005 年初冬杭州植物园的红枫，肉眼观察到的场景颜色鲜艳，层次分明。

（2） 数码照相机拍摄效果

用动态范围不足的照相机拍出的画面，深色的树干几乎分辨不出层次，整个画面的颜色黯淡。

图 6-20 数码照相机动态不足的举例说明

一、用 Photoshop CS 的"暗调/高光"功能

"暗调/高光"是 Photoshop CS 最重要的新增功能之一。一般的场景只要用不足一挡曝光量拍摄,然后到"图像/调整/暗调/高光"菜单下调节暗调和高光部的数值就可以提高动态范围。要注意的是暗调的数值越大,阴暗部变得越亮,而高光部的数值越大,亮度变得越低,细节开始复出。点击"显示更多选择",可以看到如图 6-21 的界面。其中两个数值最重要:色调范围控制变亮变暗的范围;半径是判断某个像素是属于阴影区还是高光区的关键数据。读者可以通过目视效果和试验来达到最佳效果。

如图 6-22 是在山西平遥国际摄影节拍摄的一个画面。因为有几束太阳光直射在大伯身上,而展厅里光线较暗,这样暗处的细节就没有了。在使用"暗调/高光"功能以上面图片中的数据处理后可以看出低光部被提亮,地砖和电视机的低光处有了细节,大伯脸上的高光部细节也更丰富。

"暗调/高光"的功效相当神奇,图 6-23 是在夏威夷最高的山 Mona Kea 山顶上拍摄的一幅照片,因为当时太阳已经下山,光线相

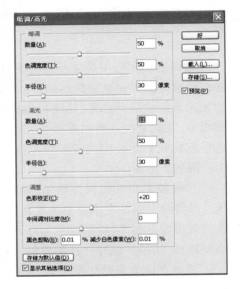

图 6-21 这是 Photoshop CS 的"暗调/高光"功能界面。点击"保存为初始值"可以将这些数值保存为初始值。因为一个数码照相机的动态范围是恒定的,所以读者也可以通过试验达到最佳效果后用动作来将这个数值施加到所有照片上去。

当黯淡,加上照相机的动态范围低,用欠一级曝光拍摄后画面没有任何有用的细节。在用"暗调/高光"的缺省值(暗调 50,50,30;高光 0,50,30)给低光部增光后,各个部位的细节复出,整个画面顿时就有了生气。我建议各位用数码照相机拍摄的影友在一般的照片上都施加一定量的阴影补偿,补偿后的照片不但阴影部细节复现、反差降低、色彩更真实,连整个照片的光线效果也更自然。

数码照相机的动态范围低一般来说是坏事,但有时也是好事。我们可以利用它来有针对性地曝光,使画面中极高光或低光部位的细节隐去,加强画面的反差,并隐去一些不必要的细节,以达到简练画面的目的。

图 6-24 是在浙江临安拍摄的无名小花,肉眼观看到的场景因为细节太多,显得非常零乱,主体不够突出,而用数码照相机拍摄后低光部的细节全没有了,因为用欠一级曝光量曝光,高光部的细节没有损失,这样,后面图的效果就要比前面一图简练得多,因为环境背景被隐去,反而给画面增添了厚实感并使花朵更加突出。

（1）　"展厅·大伯"原照，用欠一级曝光量拍摄　　　　　（2）　用"暗调/高光"处理后效果

图 6-22　原图与"暗调/高光"处理后的比较

（1）　低动态范围数码照相机拍摄效果　　　　　　　　（2）　用暗调/高光处理后效果

图 6-23　原图与"暗调/高光"处理后的比较

（1）　实际场景细节太多太乱，缺少"味道"　　　　　（2）　用数码照相机拍摄的效果更简练、更厚实

图 6-24　肉眼观察效果与低动态范围拍摄效果的比较

二、用亮度选区来提高动态范围

按 Ctrl、Alt 和~(按 Shift+字母键上面数字键的第一个键)三个键,Photoshop 会自动根据画面的亮度做出选区。用这个办法选出的选区的特征是某个像素的亮度值越高,被选的比例也越高,也就是说 255 数值的像素被 100%选中,而 0 数值的像素不被选中,中间数值的像素按此比例被选中。

要是拍摄的时候按照我前面所说的按欠半挡或一挡曝光的话,那么高光部应该是有层次的,欠完美的只是低光部的细节,所以,我们要提高低光部的亮度。按 Ctrl+Alt+~ 键作选区后,选取的是高光区,要用"选择/反选"菜单 (快捷键 Shift+Ctrl+I) 作反选,然后通过"图像/调整/色阶"或"图像/调整/曲线"就可以将暗部亮度提高而基本上不影响高光部亮度。

这个方法比用 Photoshop CS 的"暗调/高光"功能更有利的是可以做更大动态范围的"深加工"。若完成前面三步后暗部层次还是不够,则可按 Ctrl+J 两键,将所选的区域放到一个新图层上,在图层面板上将这一新图层的混合模式变成"滤色",还可以将该图层的透明度作适当调整,以达到最佳效果(图层面板状况见图 6-25)。

要是拍摄时高光部曝光太过、低光部细节尚可时,则在 Ctrl+Alt+~后不用反选,直接用"图像/调整/色阶"或"图像/调整/曲线"调低高光部亮度即可。若这样调整以后高光部还是没有层次,则可以按 Ctrl+J 的组合键将选区放到一个新图层上,并在图层面板上将该图层的混合模式变成"正片叠底",还可以将透明度作适当调整达到最佳效果。此时图层面板状况除混合模式外和上图完全一样。

图 6-25　动态范围严重不足时补救方法里的图层面板状况

图 6-26　按组合键 Ctrl+Alt+~,再按 Shift+Ctrl+I 反选后低光部被选取时的效果

图 6-27　在图 6-25 选区上用 "图像/调整/色阶"提高阴暗部亮度后的效果

三、用"应用图像"功能提高动态范围

Photoshop 里有一个经常被人忽视但很有用的功能,这就是"图像/应用图像"。"应用图像"的主要功能是能将两幅图像的某个图层或频道相混合。由此,我们只要在拍摄时分别用不足和过度来对场景曝光,然后将两幅图片的最好像素拿来混合(不足的一张取其高光处,过度的一张取其低光处),这样动态范围就增加了。

例如,要是拍摄时以欠一级曝光,那么拍摄的照片是高光正常而低光细节没有的(如图6-28),暂时用"高光部正常版本"命名此文件。用"图像/调整/色阶"或"图像/调整/曲线"将低光部细节调出,高光部细节损失暂时不要去管它,将此照另存成"阴影部正常版本",不要关掉窗口。回到"高光部正常版本"文件,在历史面板上点击"打开"状态,回到此文件的初始状态。

使用"应用图像"功能有两个先决条件:一是添加和被添加的两幅照片都必须是打开的;二是两幅照片的大小尺寸和像素值必须是一样的。因为我们只改变了"高光部正常版本"一图的亮度,两幅照片又都开着,所以两个条件都满足了。在"高光部正常版本"一图里到"图像/应用"图像菜单下,按右图的数据操作就能得到高低光部层次都得到较好还原的效果。

图右的数值要求将"阴影部正常版本"的 RGB 综合频道用相加混合模式添加到"高光部正常版本"上去。而缩放用"2"的数值说明是两个像素相加的和要除以"2",就是等于取两张照片的中间

图 6-28 欠一级曝光的图像高光正常而低光部细节欠缺

图 6-29 用色阶调节后低光部正常但高光部细节有损失

图 6-30 用"应用图像"功能将前面高光和低光部细节正常的图像混合后达成的最终效果,这时阴影部和高光部的细节都得以较好的再现。

值。这样，两张照片没有细节的高光部和低光部都得到了弥补。因为怕高光部位的细节损失太大，我用了"–15"的补偿值，也就是说将相加后所有像素的亮度都降低 15 个数值。读者可以根据照片的整体曝光量和效果施加正数(增加整体亮度)和负数(降低整体亮度)。"缩放"和"补偿值"两个选项孔只有在混合模式为"相加"或"减去"时才会出现。

图 6-31　应用图像功能界面

四、用反相图层提高动态范围

这个方法的主要步骤是，先在"图层/复制图层"菜单下将阴影部和高光部缺乏层次的原图拷贝，形成新的图层，然后在图层面板上选择上面的图层，将其命名为"反相的图层"，按快捷键 Ctrl+Shift+U 将此图层去色(也可由"图像/调整/去色"办到)，再按快捷键 Ctrl+I 将图像反相(也可由"图像/调整/反相"做到)，图像就变成黑白底片效果了。这时只要把上面图层的混合模式变成"叠加"或"柔光"，图像就会变回彩色，而且阴影部、高光部的层次也会得到改善。图层面板状况见图 6-32。能形成这个效果的原因是叠加模式在将两个图层混合时用的是下面图层的色彩和亮度，但上面图层的信息被加到下面的图层上，这样，原本图像上不能显示的低光部和高光部的信息被调了出来。

要注意的是中灰区有时会被加强，形成不自然的"倒错区"，如图 6-33。可以通过降低反相图层的不透明度来减轻此负向效果(见图 6-32 的"不透明度"数值)。叠加和柔光模式的区别是叠加形成的图像反差要大些，色彩更浓，光线更自然，缺点是低光部的细节再现不充分，柔光形成的图像反差更小，低光部的细节再现力更强，但反相倒错区出现的可能性更大。下面几张图片是分别用叠加和柔光两个混合模式形成的效果对比。

图 6-32　图层面板状况

图 6-33　反相图层的不透明度太高会形成不自然的反相倒错区

(1)　原照低光部和高光部都缺乏层次

(2)　用反相图层和叠加混合模式取得的效果

(3)　用反相图层和柔光混合模式取得的效果

图 6-34　原图与叠加柔光混合模式形成的对比

五、几种方法的比较

我们通过多次使用和对比发现一般数码照相机拍摄的图片用"暗调/高光"功能处理就可以达到很好的效果。我们曾经花了 100 多美元购买了一个专门对付动态范围太低的 PhotoFlair 软件（读者可以从 http://www.truview.com 网站上下载试用版），结果发现效果还不如 Photoshop 这个内置的功能好。

如果在高光部和低光部细节都损失很大的情况下，用方法二中亮度选区方法加上高光区以"正片叠底"模式混合、低光区的以"滤色"模式混合可以做更大范围的调节。方法三"应用图像"功能更适合拍摄时就考虑好以欠曝和过曝各拍一张，再在后期加工用此法将两张中的最好像素叠加。方法四反相图层法在光线真实度、色彩还原方面都比其他方法要好，不足的是中灰区会发生反相倒错。

值得注意的是，上面这四种方法不但可以用来提高动态范围，也适用于校正大多数由于曝光不足或过度引起的图片缺陷。所有这些方法都可以用"动作"记录下来用于批处理，同时施加到效果相似的很多照片上去，以提高工效。"动作"的录制和使用方法请参看 Photoshop 的"帮助"，这里就不再赘述。

（1） 原照白色窗框和房子阴影处缺乏细节

（2） 用方法一 Photoshop CS 的 "暗调/高光"功能处理后的效果。高光部亮度明显压低，低光部亮度提高是所有方法里最明显的。

（3） 用方法二亮度选择区改善低光部细节后的效果。这是用单次提高低光部亮度达到的效果。若将低光部选区放到新图层上用滤色模式混合，效果就会更好。

（4） 用方法三施加图像功能改善高、低光部后的效果。

（5） 用方法四和叠加混合模式获得的效果。　　（6） 用方法四和柔光混合模式获得的效果,中灰
　　　　　　　　　　　　　　　　　　　　　　　　　　部有轻度反相倒错。

图 6-35　用几种方法处理后照片比较

第七节　人物的美化

爱美是人的天性,不论是东方还是西方,不论是大人还是小孩,都希望美化自己。在拍摄肖像照片时,也一样希望能提升自己的视觉形象,使自己比现实中的更美。因此,人像摄影活动中去发现被摄者的美,掩盖被摄者的缺陷,克服布光、曝光等技术上的瑕疵,是我们在人像摄影中必须解决的问题。在 100 多年的传统摄影实践中,人们已经摸索出一套行之有效的办法来提升和美化被摄者的形象,如加柔光镜、用大口径中焦镜头、布蝴蝶光等。但用传统摄影的技法,往往需要依靠器材设备,操作上也比较麻烦,而且必须在摄影的过程中完成,事后补救非常困难,甚至不可能。我们知道,数码源于传统摄影,又不同于传统摄影,其拍摄后的再处理功能是传统摄影无法比拟的。如何运用数码摄影的新技术手段来美化被摄者的形象,是我们当前数码摄影的活力所在。下面就谈谈几种比较常用的 Photoshop 美化人像数码特技。在这里有一点要强调的是数码的特技处理要适度,过分的夸张将使照片偏离纪实的本性,明显的虚假会让最后的效果适得其反。

一、滋润皮肤

对于人像照片,特别是儿童妇女肖像,皮肤的滋润与否关系到人像摄影的成败。光线不够、曝光不足、感光度太高、光比偏大、光质太硬等多种因素都会导致人像照片的皮肤质感不理想。学会滋润皮肤的特技是美化人像的基本功,操作也并不复杂,如图,先用"修复画笔工具"选皮肤好的地方将粗糙的皮肤"磨平"(使用方法类同"橡皮印章"),再对局部做选区,输入一定羽化值后做高斯模糊就得到了最后的效果。

（1）　原图

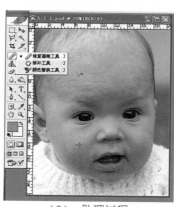
（2）　处理过程

（3）　处理后的效果

图 6-36　原图与滋润皮肤后的比较

二、增加眼神、加大眼睛

俗话说"画龙点睛"，说明对眼神的处理特别是在绘画中占据极为重要的地位。摄影也不例外，一双炯炯有神的眼睛是人像照片成功的法宝。Photoshop 为我们提供了两种加强眼神效果的办法：一是提高眼睛部位的清晰度，使眼睛更加有神；二是适当使眼睛部位膨胀，加大眼睛。

（1）　原图

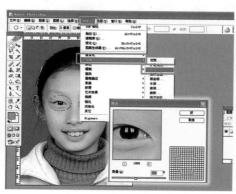
（2）　处理过程

（3）　处理后的效果

图 6-37　原图与眼睛处理后的比较

三、提高清晰度

有些画册上的人像摄影作品，如老年人皮肤饱经风霜的折皱、女郎时装上的绒毛、男士嘴上的胡须，这些都看似普普通通，构思创意也是平平常常，但这些画面还是能给我们留下深刻的印象。究其原因，靠的是清晰度。如果我们的人像作品能借助数码处理软件的神力提高照片的清晰度,那么我们照片的质感和视觉冲击力将会得到大大的加强。而要提高清晰度,对Photoshop来说是轻而易举的事,方法同本章第五节的"锐化"。

四、突出被摄影主体

人像摄影或新闻摄影中,受拍摄现场的制约,常常会有一些干扰画面的物体进入视场,弱化了被摄主体的视觉效果。Photoshop为我们提供了多种多样的方法来弱化干扰、突出主体,如印章修改工具、高斯模糊、变焦模糊、动感模糊等。下图用了"旋转模糊",虚化了周围干扰视觉的背景更加突出了汽车和模特,表达了人围着汽车转,左右前后看不够的拍摄思想。

除了用Photoshop软件通过"纯手工"来美化人像照片,也可以用专门修饰人像的软件来处理,如CleanSkin、Face-Bon、"磨皮"等软件,使用很方便,效果也很好,对于大批量处理人像照片,用这些专门的软件不失为一条捷径。

(1) 原图,尼康D100数码照相机拍摄,原厂28~70mm专业镜头,光圈f/5.6,快门速度1/30秒。

(2) 处理后的效果,模特和汽车更加突出。

图6-38 "左右前后看不够"原图与数码处理后的照片对比

第八节　数码特技效果

在数码摄影技术出现之前,特技图像艺术似乎只是绘画的专利,因为摄影主要被当做写实工具。随着数码摄影技术的普及,人们可以在特定思想意识支配下对某一个或多个图像元素进行重新组合和艺术提升,蓄意刻画和表达作者的思想、情感,提高视觉沟通能力或审美价值。现今,图像不再只是记录历史的工具,图像还可以美化环境,装点生活,满足人们视觉审美需要,更是人们超越语言文字障碍,更有效、更密切交流的桥梁。利用数码摄影特技再创作,是摄影创作的进一步延伸,也是现代摄影师必备的技能。

要进行数码摄影特技创作,首先要掌握一定的制作技巧,如下面要讲的"数码漫画"、"风光照片的补救"等,但这仅仅是几种比较常见的手段之一,受篇幅限制,这里只是抛砖引玉,希望读者自己去实践、去探索并找更专业的书籍学习。除了学习数码特技创作技法,摄影爱好者们还要不断提高自己的思想意识素养,做到技术手段和创意思维并重。因为"创意"是数码特技创作的灵魂,只有在好的创意指导下,数码图像才有可能成为思想的表现手段。数码特技创作中还要避免为特技而特技,一味玩弄特技手法,追求光怪陆离的奇特效果。下面就简单地介绍几个朴实却也是摄影创作中不可缺少的实用技法。

一、全景照片的缝合

全景照片场景大、视角广、气势磅礴,效果让人震撼和赞叹。在传统摄影年代,拍摄全景照片是专业摄影人士才干得了的活。因为全景照片非得用昂贵的全景照相机拍摄,否则就只能靠暗房技术和手工拼接的方法来完成。这对于普通摄影爱好者来说是很难做好的。现在,这个拍摄任务就简单多了。不需要专业的照相机和专门的拍摄技术,用普通的数码照相机拍摄完毕后,只要用软件就可以简单地完成缝合,制作出风光无限的全景照片。

如果要想简便些,可以用专门的"全景"软件来完成缝合。目前比较常用的全景照片制作软件有 Panorama Editor、Real VIZ Stitcher 和 MGI Photovista 等, 这些软件在使用操作上大同小异,即先将场景分段拍摄,通过比较两张相邻照片重叠的地方来自动拼接照片。但用这些软件来缝合照片,对前期拍摄要求较多,最后输出的照片像素大小受限制。

（1） 原始照片一 　　　　（2） 原始照片二 　　　　（3） 原始照片三

（4） 缝合后的效果

图 6-39 浙江绍兴一家企业的全景。场景分三段拍摄,用 Photoshop 软件制作。制作的难点在于围墙栅栏的对齐和拼接。制作的技巧是先将每段场景切成水平,对齐围墙栅栏,再去修改地面、天空等容易用"橡皮印章"处理的部位。

用功能最强大的 Photoshop 软件来缝合制作全景照片也是很好的办法，不足之处就是处理起来可能要多花些时间。我们的经验是相对于那些傻瓜"全景"软件，用 Photoshop 制作全景照片更精致、更得心应手。用 Photoshop 制作全景照片需要注意：

(1)前期拍摄最好用标准镜头。如果广角端拍摄，每张场景的局部照片都有比较严重的变形，这样的照片在拼接时会遇到比较大的麻烦。另外，如果选用数码照相机的焦距过大，拍摄的视角小，会导致拍摄的照片数量增加，这样使得拼缝工作量加大。

(2)拍摄时尽量用手动挡，对每张场景局部照片进行相同量的曝光，以保证每张照片的曝光参数相同，否则拼出来的照片容易因为照片的曝光情况不同出现拼接痕迹。当然，我们也可以使用自动曝光锁定来锁定曝光值，使得拍摄出的照片曝光情况基本一致。

(3)完成全景照片的拼接肯定是要修剪、裁切。所以，取景拍摄时，照片的上下都要留出比平常更多的空间，每张场景的左右侧要留出一定的重叠，为拼接时保留移动的余地。

(4)拍摄分场景时，要注意照片的高度和角度应该一致。另外，地平线要保持水平。

(5)应选择慢射光线拍摄，强烈阳光下，各分镜头的层次、色彩很难做到均匀一致。

二、风光照片的补救

拍到精彩的照片，得到他人的称赞，是每一位摄影爱好者所希望的，但大家在摄影创作中往往会事与愿违。许多当时令人兴奋激动的场景，在拍出来的照片上却是灰蒙蒙一片，缺少反差，色彩不佳。产生的原因多种多样，可能是拍摄技术掌握不够引起的，也可能是感光体与眼睛视觉上的差异引起的，但这些缺陷用数码技法都可以进行进行弥补和一定程度上的改善。

（1） 原图

（2） 从素材光盘上选取的晚霞照片

（3） 处理后的效果

图 6-40　原图摄于浙江大学紫金港新校区。当时校园正在建设中，绿化、环境都没搞好，加上又是逆光，直接拍出的照片比较"荒凉"，效果"惨不忍睹"。后来，我们从图库光盘中找了一张晚霞照片，通过 Photoshop 软件的数码特技处理，得到了最终的效果。我们的创作体会是选材要与原照相吻合，制作手法要细致，只有这样，才能使原照片起死回生，使最终的作品自然、真实。

三、数码漫画

　　生活中的物和事是我们能实在感受到的，如果摄影只停留在纪实层面上，就会显得单薄，平淡而无味。数码特技使图像视觉艺术汇聚成流，迅速出现新效果，进一步拓展了摄影图像的功能。如漫画，是一种高度浓缩的艺术表现形式。寥寥几笔，勾勒出一个神像形不像的人物，时而令人捧腹，时而令人沉思。要进行数码漫画灯特技创作，构思和意念创造是十分重要的。只有在创作之前经过了认真思考，才能将思维导入到对摄影图像的表述中。当然，好的创意必须借助于一定的表现形式来完成。因此，在有了创意后，我们还要准备好足够的素材图片。再利用数码特技手段将自己的意图通过图像的形式展现出来。创意和特技手段是数码特技创作的两只翅膀，缺一不可。

（1）原图片　　　　　　　（2）经过褪底处理的图片　　　　　（3）最后的漫画图片

图 6-41　数码漫画

拍摄原始图片的时候要尽可能选简洁的背景，如白色的墙面、平静的水面等。原始图片中溪沟的石块清晰可见，这样的背景会在后面特技处理的时候留下修改的痕迹，因此要将人物扣出，背景去除。先是用钢笔工具勾边，再变成选择区后褪底得到图（2）。图（2）到图（3）用了以下几个简单的步骤：① 将模特头部放大。②将模特身体缩小。③从"滤镜／液化"菜单进入，对身体变形处理。④从"滤镜／艺术效果／海报边缘"菜单进入，对完全写实的初步漫像变成绘画效果。虽然最终的画面不够幽默，但还是能让观者从平常的视觉习惯中走出来，产生新的视觉感受，引起好奇心。

参考文献

1.曾立人.数码摄影技法大全.杭州:浙江摄影出版社,2003.

2.曾立人.数码图片后期处理流程.杭州:浙江大学出版社,2004.

3.沙占祥.摄影手册.北京:中国摄影出版社,2004.

4.[澳]盖勒(Galer M.). Digital Imaging, New York: Focal Press, 2002.

5.冯汉纪.后数码时代的摄影.杭州:浙江摄影出版社,2005.

6.邵大浪.专业摄影技术.长春:吉林摄影出版社,2003.

7.徐忠民等.大学摄影.北京:高等教育出版社,2005.

8.曾立新.中外常用照相机镜头的性能和选择.北京:世界图书出版公司,2005.

图书在版编目(CIP)数据

数码摄影 / 曾立新著. —杭州：浙江大学出版社，
2007.3(2013.1重印)

ISBN 978-7-308-05151-4

Ⅰ.数… Ⅱ.曾… Ⅲ.数码照相机—摄影技术 Ⅳ.TB86

中国版本图书馆CIP数据核字(2007)第021127号

数码摄影(第二版)

曾立新 著

责任编辑	石国华	
封面设计	刘依群	
出版发行	浙江大学出版社	
	(杭州市天目山路148号 邮政编码310007)	
	(网址: http://www.zjupress.com)	
排 版	杭州星云光电图文制作工作室	
印 刷	杭州富春印务有限公司	
开 本	787mm× 960mm 1/16	
印 张	10.5	
字 数	230千	
版 印 次	2013年1月第2版 2013年1月第3次印刷	
书 号	ISBN 978-7-308-05151-4	
定 价	38.00元	